综合造型设计基础

COMPREHENSIVE FORM DESIGN FUNDAMENTALS

第 二 版

主编 柳冠中 蒋红斌

中国教育出版传媒集团

高等教育出版社·北京

内容提要

本书是在第一版的基础上，吸取近年来教学改革的成功经验及专家和广大读者的意见修订而成的。

本书以课题为切入点，以教学过程为主线，以方法论为核心，着重培养思维能力和综合应用设计方法的能力。本书采用图文并茂的形式展现"综合造型设计基础"课程教学的经验、过程和方法，介绍清华大学美术学院在 20 多年的发展历程中，继承德国包豪斯、乌尔姆造型学院的教学思想体系，围绕造型问题开发的设计课题以及以过程教育为核心的教育方法论、设计方法论，通过课题训练和教学环节的设计，以思维的拓展和动手实践为核心，在问题的探讨中积累设计经验。

本书可作为高等学校工业设计专业"综合造型设计基础"课程的教材，也可供其他设计类专业师生参考，同时也是设计人员非常实用的读物。

图书在版编目（CIP）数据

综合造型设计基础 / 柳冠中，蒋红斌主编. -- 2 版. -- 北京：高等教育出版社，2024. 8. -- ISBN 978-7-04 -062811-1

Ⅰ．TB47

中国国家版本馆 CIP 数据核字第 2024VY8225 号

Zonghe Zaoxing Sheji Jichu

| 策划编辑 | 马　奔 | 责任编辑 | 马　奔 | 封面设计 | 赵　阳 | 版式设计 | 童　丹 |
| 责任绘图 | 于　博 | 责任校对 | 窦丽娜 | 责任印制 | 张益豪 | | |

出版发行	高等教育出版社		网　　址	http://www.hep.edu.cn
社　　址	北京市西城区德外大街 4 号			http://www.hep.com.cn
邮政编码	100120		网上订购	http://www.hepmall.com.cn
印　　刷	三河市宏图印务有限公司			http://www.hepmall.com
开　　本	889mm×1194mm　1/16			http://www.hepmall.cn
印　　张	8.75		版　　次	2009 年 7 月第 1 版
字　　数	210 千字			2024 年 8 月第 2 版
购书热线	010-58581118		印　　次	2024 年 8 月第 1 次印刷
咨询电话	400-810-0598		定　　价	39.90 元

物 料 号　62811-00

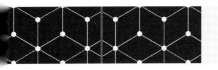

新形态教材网使用说明

综合造型设计基础
第二版

主编
柳冠中
蒋红斌

1 计算机访问 https://abooks.hep.com.cn/1269701 或手机微信扫描下方二维码进入新形态教材网。

2 注册并登录后，计算机端进入"个人中心"，点击"绑定防伪码"，输入图书封底防伪码（20位密码，刮开涂层可见），完成课程绑定；或手机端点击"扫码"按钮，使用"扫码绑图书"功能，完成课程绑定。

3 在"个人中心"→"我的学习"或"我的图书"中选择本书，开始学习。

综合造型设计基础 第二版
主编 柳冠中 蒋红斌
出版单位 高等教育出版社

开始学习　收藏

绑定成功后，课程使用有效期为一年。受硬件限制，部分内容可能无法在手机端显示，请按照提示通过计算机访问学习。

如有使用问题，请直接在页面点击答疑图标进行咨询。

https://abooks.hep.com.cn/1269701

第二版前言

经调查研究，我国高校的"综合造型设计基础"课程理论教学一般为较低年级学生所设立，意在为其日后的专业设计课程打好基本功。如果教师忽略基础课程和后续设计专业课程之间的衔接，会造成学生对"综合造型设计基础"课程学习的忽视。产品设计具有明显的交叉性和实践性特征，"综合造型设计基础"课程的教学观念是让学生运用已学到的理论知识，结合专业课题有目的、有针对性地进行设计实践和设计创新。从工艺流程、材料特性、实现手段、实验过程等方面，分析比照、评估论证，制定和完成设计训练课题。

本书结合德国斯图加特设计学院的克劳斯·雷曼教授对"综合造型设计基础"课程的理论研究和实践训练，并将其融入清华大学美术学院的教学之中。同时，结合鲁迅美术学院工业设计学院雷曼教授的设计工作坊和王琳教授所讲授"立体设计"课程中的多个设计训练课题，在书中实践章节对以上课程的学生作品进行案例分析，从实训成果中验证将基础设计理论与基础设计训练相结合，以设计工作坊的形式为不同年级学生设立相应的单元课题，这对于学生后期设计创造力与逻辑推导能力的积累具有重要意义。

"综合造型设计基础"课程的特色在于通过实际训练，强化学生的设计思维能力、设计逻辑能力、设计语言归纳能力、模型制作能力以及电脑软件运用能力等多种基础设计能力，从而使学生认识到基础理论知识的重要价值和意义。

虽然设计创新力是产品设计的价值体现，但我们不能忽视基础设计理论和基础设计训练。因为，从这些过程中我们会不断产生新的想法和思路，这对于后续的设计工作具有重要的启示作用。本书总结了多个院校、多名教师讲授造型设计基础的方式、方法，重新审视了基础设计教学的重要性，并通过实际案例分析如何运用"综合造型设计基础"课程中的创新方法来指导设计实践。

参加本书编写的人员有柳冠中、蒋红斌、赵妍、金志强、陈建锐等。书中的图例设计、作业排版设计由刘月熠、胡童睿琳等同学完成。

在本书的再版系列工作进行中，感谢雷曼教授和王琳教授提供了教学实践案例。

湖南大学何人可教授审阅了本书，并提出了宝贵的意见和建议，在此表示衷心的感谢。

最后，感谢出版单位对本书写作团队的信任与支持。

虽已再版，但书中难免存在诸多不足之处，希望本书可以作为作者与读者之间沟通的桥梁，通过来自不同学科、不同领域读者的反馈建议，对书中内容进行不断地优化与迭代，以此成为深化学习"综合造型设计基础"课程的契机，在教学与设计中，与师生共同砥砺前行。编者邮箱：jhblwjhb@vip.sina.com。

柳冠中

2024 年 3 月

第一版前言

"综合造型设计基础"课程属于设计学科的范畴。在众多与设计相关的领域，如交通工具设计、产品设计等领域有非常重要的意义，并可拓展到更广泛相关专业方向。

首先，"综合造型设计基础"是整个设计学科的立足基点，是基础的"基础"；其次，"综合造型设计基础"是整合形态基础、机能原理、材料基础、结构基础、工艺基础等课程知识与专业设计课程的有效途径；另外，"综合造型设计基础"还是"钥匙"课程，其设计思维方法的训练贯穿于造型设计练习的始终，也是发现、分析、判断、解决问题能力训练的过程，是专业设计程序与方法训练的预习，是掌握系统论素质的准备，是理解"工业化社会机制"概念的实践，是培养"知识结构整合"想象力的起跑点，是运用创造力对"工业化"进行可持续性"调整"的实验。

对形态的认识要从自然界和生活中开始。自然"形态"的形成原理使我们认识到"形态"的本原，它为人为"造型"的原理提供了造型的规律。"形"和"型"都是在诸多限制条件下存在的，"造型"必须与"材料、技术、工艺"一起整合协调才能回到生活中来，这个"型"不是"唯美"主义、纯形式的"型"，而依据的是"因地制宜""因材致用""因势利导"和"适者生存"的基本原则。

通过学习研究造型的原理和要素，理解形态存在的理由、形态之间的逻辑关系、形态的语义与寓意等，掌握造型要素之间互制、互动、共生的辩证关系，运用因材致用、因地制宜、因势利导的形态构成原则，注重人造形态的生态性、可持续性，实现不同"目的"（功能）之结构应实"事"求是地重构"造型"诸要素，以整合成新系统、创造新需求、开发"新物种"。在认识"限制"中，重组造型诸要素，实现"知识结构创新"，这正是"设计"的本质、"设计思维"的意义。运用科学与艺术的原理，培养正确的思维方法，从发现问题、分析问题、归纳问题、判断问题过程中培养联想能力，以及运用原理、材料、构造、工艺、视觉等要素，掌握协调诸多矛盾与限制，从而提出"造型"创意，培养实事求是地综合解决问题的能力。

在上述基础上对"自然物"和"人造物"的"材性、材型、构性、构型、型性和工艺性（制造性）"乃至"人的本质对应性"（人性和人文性）的规律进行造型训练，并通过"实际训练课题"来训练学生运用"眼、手、脑、心"的综合能力。

在教与学互动中强调设计思维程序的应用（现象与表象、概念与本质、形象与抽象、复杂与简练、联想与创造、方案与评价）的方法；了解造型的依据、构造的原理、材料工艺技术的应用、造型的规律和造型的研究过程；训练学生观察、分析、归纳形态的能力，在此过程中掌握造型联想、定位和评价的方法。在了解造型基础、构造原理、材料和工艺技术应用的同时，善于分析、组织、运用已掌握的知识，循序渐进地完成不同阶段、不同目的、不同程度对形态创造的要求，培养演练设计全程序的整合协调能力。

该课程要求将构成"造型"的要素——材料、结构、工艺、技术、细节等与形态、力学、心理、美学等原理结合起来，这与纯感觉的形态创造是有本质区别的。在这样"限制"下的学习型、研究型、实践型的基础训练，无疑是遵循"因材致用""因地制宜""因势利导""适可而止""过犹不及"等中国传统哲学思想的精髓，符合"科学发展观""可持续发展"的思想，也是"实事求是"的科学方法。这对培养学生的创新能力，尤其对艺术设计学科创新特征的"知识结构整合"的创新能力训练十分必要。

只有经过这样培养的学生才能学到创造性地解决问题的思维方法，得到在程序中应用"举一反三"的实践，得到"眼、手、脑、心"综合训练的经历，在生活中扩延知识的能力，养成研究的习惯，以便顺畅进入专业设计阶段。

面对"设计"这门既新又热门的综合交叉型课程，目前设计教育界尚无成熟的设计基础教材，而师资力量更加匮乏。我们多年来一直在思考这个"支点"，力图摸索出一套适合中国设计教育大发展所必备的基础教程。我有幸于 1981—1984 年到工业设计的发源地——德国斯图加特国立造型艺术学院做访问学者，师从于克劳斯·雷曼教授（Prof. Klaus Lehmann），他是世界著名的工业设计教育专家，特别在设计基础教育方面有极深的造诣。他继承了包豪斯和乌尔姆的设计基础传统，发展了一套具有特色的设计基础课题体系。回国后，我在中国第一个工业设计系中努力贯彻这套设计基础教学思想体系，并结合我国的设计教育现状，进行了改革发展，加强了设计思维与方法的主导地位，取得了明显的教学效果。在我回国后，我经常邀请雷曼教授来华讲学，仅为传授"造型基础"，他就为全国高等院校工业设计师资举办的五次全国性"造型基础"WORKSHOP 中精心传授了他的教育思想和教学体系，不仅取得了骄人的成果，还培养了近百名师资。"综合造型设计基础"课程经过近二十年的精心培育，已被教育部认定为"国家级精品课"。在此，借本书出版之际，感谢我的老师雷曼教授的无私教诲和他对中国设计教育倾注的爱和热情。

本书所附光盘的内容包括以下四部分：

1. 历年综合造型设计基础课程的 WORKSHOP 资料。

2. 有关综合造型设计基础课程内容研究的论文选编。

3. 综合造型设计基础课题的成果。

4. 清华大学美术学院工业设计系本科生专业设计课程设计成果。

本书由柳冠中主编，参加编写工作的有邱松、史习平、刘志国。并感谢蒋红斌、李可巍等的协助。

湖南大学何人可教授认真审阅了本书，并提出了很多宝贵的意见和建议，在此表示深深的谢意。

我还要特别感谢和悼念我的爱妻李雁，在本书编写期间，我忽略了对长期病重的她的关爱和照料，以至于在"综合造型设计基础"课程被评为"国家级精品课程"之时，她却再也不能与我共度生活的苦与乐了。

本书基本上能让学生学会在生活中学习，让学生探讨适合自己的学习方法和建立面向未来的设计评价体系，培养学生面对未知的自信。而这个过程始终又必须从自然和生活实际出发，再回到我们现在和未来的生活实际中去。

希望借本书能与同行交流、探讨，架起一座沟通、互动的桥梁，尽早建立起面向未来的中国的设计教育的体系。

柳冠中

2008 年 8 月

目录

第一章　概述

第1节　"综合造型设计基础"课程的地位

"综合造型设计基础"是设计学科的核心基础课程，尽管它主要侧重于产品设计、交通工具造型设计、展示设计、公共设施设计等专业方向，但实际上它也同样能适用于建筑设计、室内设计、园林设计、服装设计、首饰设计、包装设计等专业（图1-1）。

"综合造型设计基础"是整个工业设计学科的立足点，即基础的"基础"。它不仅涵盖了形态基础、机能原理、材料基础、结构基础、工艺基础等课程知识，而且还充当着向专业设计课程过渡的关键"桥梁"。此外，"综合造型设计基础"是设计思维方法训练的实践起点；是发现、分析、判断、解决问题能力训练的过程；是专业设计程序与方法训练的预习；是掌握系统论的素质准备；是理解"工业化"概念的实践；是培养"知识结构调整"想象力的起跑点；是运用创造力对"工业化运行程序"的体验。因此，它又更像一枚能开启设计之门的"钥匙"，为学生未来的专业发展奠定坚实的基础。

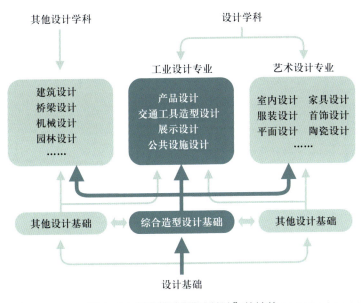

图1-1　"综合造型设计基础"的地位

第2节　"综合造型设计基础"课程的本原

毋庸置疑，"综合造型设计基础"的核心聚焦于"造型"，因此其课程的所有知识内容紧密围绕"造型"而展开。而"造型"的精髓在于"形态"，即物质、心理空间范畴的"形状"、感知时空相间的"态势"及"认知"。它既是人类造型的目的和依据。造型设计中积淀的丰富文化。

"形态"按其属性可以被划分为概念形态、现实形态和虚拟形态三种类型，而综合造型设计基础所关注的"形态"则主要是现实形态。现实形态是具有实际意义的形态，它不仅能通过我们的眼睛去观察，而且可以凭借我们的身体去感触，并且也可以用我们的心去认知。为了便于研究，我们将现实形态再细分为自然形态和人为形态。

1. 自然"形"——"形态"原理

所谓自然"形"是指没有经过任何的人为加工，天然形成的形态。

在大千世界中，自然形态可谓千姿百态、五彩缤纷。然而，我们在赞叹之余，又会发现自然形态并不是为取悦我们而生，而是受其自身和环境所制约的。

（1）内力

自然形态形成的重要因素是其内部系统的稳定结构——内力的统一，它取决于形态自身的材质、结构和生长规律等，而这些又受制于材性、构性、形性、势性等。

（2）外力

外力是自然形态形成的必备条件之一，它主要受控于大自然环境、条件长期作用于自然物各种形式的压力、引力、场力、化学力等。

（3）合力

实际上，自然形态的形成最终是由于内、外的合力影响所致，即自身形态与周围物质形态的相互作用以及大自然外力的造化，也就是内力与外力的相互作用结果。它们的作用体现在合力的大小、方向、作用点，以及由此而产生的过程和状态：大与小、重与轻、密与疏、实与虚、分与合、动与静、节奏与韵律、支撑与悬挂、连接与邻近、融合与联通、过渡与传递、谐振与辐射等。

2. 人为"形"——"造型"的原理

人为"形"，即人工创造的形态，而人工创造形态的过程便是"造型"。"造"即按人的意志创造、制造的行为；"型"即按人的意志创造或制造的成果——型。因此，"造型"就是人类为了生存和发展而从无到有、由此及彼的创造过程和成果。

形态成型所依据的原则：人类所处的时代、环境、认识能力和改造自然能力的不同，其所"造"的"型"是在上述诸多复杂的限制条件下产生的，故"型"存在于人类主、客观认识和实践互动过程中，虽在不断进化、演变、衍生，但也在"积淀"，因此"型"也具有在相对的时间、空间条件下的稳定性。这就是"造型"必须与特定的"材料、结构、技术、工艺"一起整合而生成。在诸多限制、矛盾中脱颖、升华的；它不可能是唯"美"主义的、纯形式的"型"。为本科生开设"综合造型设计基础"课程的主要目的就是训练学生理解并掌握"造型"是综合原理、结构、材料、技术、工艺、细部、尺度、肌理、色彩、界面等因素的过程和结果（图1-2）。

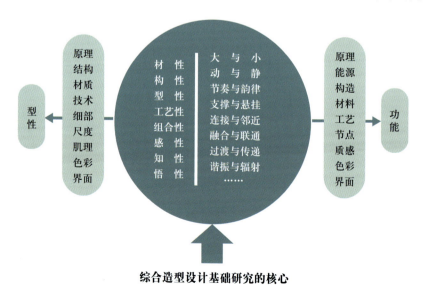

综合造型设计基础研究的核心

图1-2　综合造型设计基础的内容

3. "综合"的要领

造型过程是一个极其复杂的创造过程，因为它需要同时兼顾诸多造型要素。实际上，我们可以将造型过程看成一个完整的系统，而每个造型要素正是该系统的每个组成子系统。这些造型要素总是处于互动状态中，孤立地去处理任何一个方面都是不正确的。因此，造型的过程本质上是一个综合处理问题的过程，也就是说要针对问题的特点，动态地协调造型的诸多要素（图1-3）。

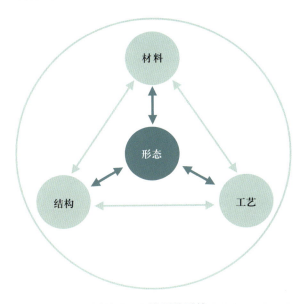

图 1-3 造型的系统

第 3 节 "综合造型设计基础"课程的研究内容

1. 理解"形态"

（1）形态存在的目的

正如物质的存在有其固有规律一样，形态的存在也同样有其独特的逻辑。无论是自然形态还是人为形态，它们之所以能长期保存或延续下来，必然有其深层次的原因。例如：食肉动物和食草动物都善于奔跑，但他们的脚部形态却有较大区别。究其原因便会发现，食肉动物的脚型不仅要适应高速奔跑，而且还要适宜捕食，因而其

脚部形态便发展成了"爪"形；而食草动物的脚仅仅是为了站立或奔跑，于是其脚部形态便形成了"蹄"形。因此，通过探索这些原因，我们便能发现形态的存在是由形态产生的目的而导出的规律，进而为观察、学习、理解自然形态提供很好的指导作用。

（2）形态之间的逻辑关系

稍加留意，我们便会发现形态之间总保持着某种合理的关系，而这种关系正是一种逻辑关系。例如：山的形状除了与最初的地理形成有关以外，它与水的流向也有极大的关系，众多的山谷也正是水流（或冰川）长期冲刷、塑造的杰作。同样，水之所以呈现出河、湖、瀑、海等形态，也是由于山谷、地势的因势利导。通过对形态之间的逻辑关系的深入研究，我们便能较容易地发现形态生成的规律。因此，对形态之间的逻辑关系的研究将是"综合造型设计基础"课程的重点所在。

（3）形态的语义与寓意

"形态"是人类生存环境客观存在，所以自然地对人类产生了深远的意义。我们在观察和改造自然形态时，常常会"触景生情"，也由此赋予了它们特定的情感色彩。例如：几何形态会使人感到坚硬，而有机形态却让人感到柔和；直线会产生速度感，而曲线会产生波动感；木材会有亲切感，而金属则有冷漠感……因此，形态便产生了我们能够感知的语义和寓意。对形态语义和寓意的研究，才会使我们理解"形态"具有人的认知对应和反馈，这就是形态不可或缺的人文精神意义。

2. 理解"造型"

人类为了生存繁衍，在适应自然过程中认识到只有改造生存环境、条件才能发展，因此学会了"造物"——"造型"的活动。千百年来人类逐渐明白，要解决生存发展问题，就要主动创造"新物种"，而理解"造型"的关键在于处理好与

"造"和"型"的目的、行为、结果等相关的诸多限制要素，这种关系的复杂性决定了造型的复杂性。而且，其复杂性又在于它通常被多种因素交织在一起，既有内部的也有外部的；既有细节的也有整体的；既有理性的也有感性的……如此看来，理解"造型"又并非易事。那么，如何才能正确地理解造型呢？这便是"综合造型设计基础"课程所要重点解决的问题（图1-4）。

3. 掌握"综合造型设计基础"的原则

"综合造型设计基础"的原则重点应落实在"综合"二字上，这也是本课程的特色所在。其具体表现在以下几个方面：

（1）造型应因材制用、因地制宜、因势利导，造型诸要素之间是互制、互生的辩证关系。因此，本课程强调在典型的基础课题练习实践中理解"综合"、掌握"造型"的原则和自觉建立造型的"评价"标准。

（2）造型既要考虑制造、流通、使用的合理，也要考虑回收再利用的生态性和可持续性，这正是"美学"评价体系的本质。

（3）实现不同"目的"之知识结构的构建，应实事求是地重构"造型"诸要素，以整合成新系统，即在认识"限制"中，把"限制"作为机会，重组造型诸要素，学习"系统结构创新"的能力，这正是"设计"基础的本质。

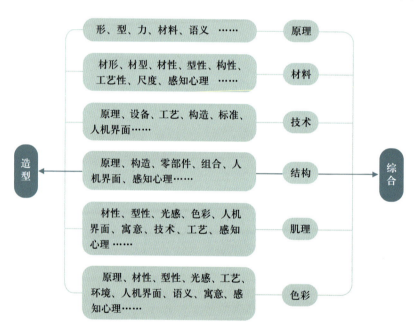

图1-4　综合造型的要素

第4节　"综合造型设计基础"课程的目标

1. 强化设计思维方法

在各课题练习实践过程中，注重引导学生将眼、手、脑、心协同作用来深化思维的方法，经历感知、认知、理解和综合表达运用知识的过程，培养学生综合评价能力。从观察—发现问题、分析—归纳问题、判断—联想问题以及运用原理、材料、构造、工艺、视觉等要素，在不断评价过程中，学生需要具备协调诸多矛盾与限制的能力，从而提出"造型"创意，"适可而止"地综合解决问题。而设计思维方法的训练则是"造型基础"的基础。

2. 掌握形态生成规律

通过对生物经历"物竞天择"自然淘汰筛选

的形态观察、分析及研究它们与存在的环境、条件下生长、运动、繁殖互动互生而"造化"，领会形态形成的规律——即造型的"材性、材型、构性、构型、形性、形型"的个性与共性。这个规律永远是我们人类造物的学习榜样——"师法造化"。

3. 培养综合造型能力

在上述基础上，对"人造物"的"材性、材型、构性、构型、形性、形型"以及"工艺性"（制造技术）、"工艺型"（技术语言），乃至"人的本质的对象化"（使用性和人文性）的规律，进行造型训练。通过"典型课题"，我们强调在动手基础上，训练学生运用"眼＋手＋脑＋心"的方式去纠正光凭视觉、感觉、形式去认识造型的误区，从而将感觉、感知、思考、分析、实验、评价、理解、联想、再实践的综合造型设计基础能力通过"造型"的全过程得以体验和沉淀。

第5节　"综合造型设计基础"课程的基本内容

1. 工业设计基础教育课程的形成

中国作为21世纪初世界上最有影响力的制造业大国之一，已经不仅仅满足于"世界工厂"的单一身份，近十几年来，虽然针对制造业的美术设计取得了显著进步，但也一定程度限制了工业设计在开发新物种和新产业方面的步伐。我国工业设计的基础教育在引入国外先进教学体系的同时，由于融入体系的本土化和体系时代化速率相对缓慢，导致培养出的工业设计人才不能满足当代中国制造型产业结构调整和创新型产业发展的需要。

当然，因为时间、空间等条件的复杂性，工业设计的基础教育没有一个放之四海皆适用的模式，正因为如此，研究探索工业设计基础教育的目的和规律却恰恰是已具有40多年工业设计教育历史的中国设计教育界不容推卸又刻不容缓的责任。

进行工业设计基础教育课程的组织可以说是工业设计教育中最为重要的活动之一。自1919年约翰·伊顿创建具有现代工业设计学科特征的基础课程以来，如何有效组织工业设计教育的基础课程一直是工业设计教育界学者反复思考的问题。重温欧洲工业革命以来的设计运动发展背景有益于认识、探索和建立我国的工业设计基础教育体系。因此研究欧洲19世纪以来的工艺美术运动、新艺术运动、装饰艺术运动、现代主义运动、荷兰风格派运动、俄国构成主义设计运动、德意志制造同盟等设计人文运动形成的时代背景，所发生的重大历史事件以及众所周知的包豪斯教学体系和基础课程、乌尔姆造型学院的科学系统观和基础课程体系、斯图加特国立造型艺术学院的教育体系和基础教育课程等形成的原因、目的和内容是十分必要的、有益的。

2. 设计思维方法是"综合造型设计基础"的"基础"

设计思维实际上是围绕着"问题"来展开的，所谓"问题"是指设计各要素交织在一起时，所产生的关系或矛盾。发现、研究、判断、解决、评价"问题"贯穿设计整个过程，驾驭这个过程的方法、技巧则要以"设计思维方法"引导。这就需要通过观察问题—分析问题—归纳问题，到联想—创造乃至在全过程中不断评价地解决问题的模式来构筑。每一个环节都有其目标和相应的方法，而环节与环节之间又是渐进的、循环的，其最终的目标就是要学会用"综合系统的思维方法"来解决问题。在观察、分析、归纳、联想、创造和评价这个解决问题的全过程中，学会灵活运用知识技巧、积累造型实践经验，总结设计的规律。这就是我们认为的"基础的基础"。

（1）基于观察

观察是设计思维的第一步，不会观察就根本

无法去进行思维，因为你连"问题"都发现不了，那又将"思维"什么呢？这就好比一名技术娴熟的枪手，却不知道自己需要瞄准的对象在哪里一样。观察是我们发现问题、收集信息、学习知识的过程。常言道"内行看门道，外行看热闹"，观察这一过程看似简单，其实不然，因为你要想真正"看"出点"门道"，首先就必须先成为一个"内行"，即要先具备正确的方法和一定的知识和经验。

（2）重在分析

"分析"意在将"整体"的组成的成分按原理、材料、结构、工艺、技术、工艺、形式等不同角度来观察，在分析过程中，观察也渐入"门道"了。通常我们只将"物"本身去"分"开再归"类"，往往忽略了"物"之所以存在的"目的"，即"物"为何不被"自然"淘汰或被特定"人"在特定社会时代、环境等条件下所接受。被"观察"的信息应强调其存在的"外部因素"，"分析"也必须将这些"外部因素"作为"分类"的范畴。"分"不是目的，"分"是为了认识"物"与所存在"外部因素"的关系和"物"的"内部因素"之间的关系，以便掌握"物"的本质和不同"物"之间"共性"，从而"析"出每一"物"的"个性"和其"个性"存在的依据。所以在这个意义下的"分析"既可使"观察"全面、细致，又使"观察"系统、深入，在"比较"中真正理解"物"的本质和存在规律。这不仅有利"观察"，更对下一阶段的"归纳、联想"打下广博而坚实的基础。

（3）精于归纳

尽管"分析"问题十分重要，但设计的目标是为了"解决"问题。"分析阶段"目的是"析出"问题的"本质"，从而"归纳"出"实事求是"的"设计定位"以便解决问题。所谓"解决问题"，是指提出的"定位"有可能实施解决。"归纳"还在于将具体而繁杂的问题进行分类，以析出"关系"，明确"目的"，为"重新整

合关系"提供依据。"归纳"可以使我们的认识问题进一步地提高。如果说"分析"是为了由表及里、去粗取精，而"归纳"则是"去伪存真"，为"由此及彼"奠定基础。"分析"不到家，"归纳"就会出问题。在"归纳"过程中，要不断修正"分析"的范畴和深度。

（4）善于联想

"联想"并不是无目的、无边际、低效率地乱发散，而是在"观察、分析、归纳"阶段中强调问题的"外因"基础上，以"物"赖以存在的"自然和人为自然"的"关系"限制下，以形成一个"超以象外，得其圜中"的语境，能理解不相干的"物"在不同的分类角度中会有相同或相似的本质、目的，就能"举一反三"地领会"风马牛效应"的"莫名其妙"。这样的"联想"是基于上述方法——以研究"事"和"事"的"外因"来引导研究"物"的"定位"，因此在"观察、分析和归纳的过程"中，就已经打破了线性的逻辑思路，而为"联想"编织了一个既有因果关系的理性抽象逻辑、也有人文渊源的想象语境之"多维"网络，可谓"不识庐山真面目，只缘身在此山中"。

（5）意在创造

"创造"意在其既要创新还能实现。上述含义的"观察、分析、归纳、联想"始终贯穿了紧扣作"事"的"目的"，研究实现"目的"的外因限制、理解"设计定位"是建立"目标系统"后的设计"评价系统"，也是选择、组织、整合或创造内因（原理、材料、结构、工艺技术）的依据。这个过程既能广泛消化自然、前人的经验；又能学以致用地吸收自然、前人的营养；做到"他山之石，可以攻玉"的创造，而不会沦为"吃鸡变鸡、吃狗变狗"的模仿抄袭，将创造之"新"落脚到具有原始创新意义和知识产权的"新物种"上。

（6）勤于评价

"评价"不仅是建立在紧紧围绕在对"物"

的"观察、分析、归纳"过程中，而且始终在研究"物"的"外部因素"限制下对"物"本身的影响。"师法造化"告诉我们"物竞天择"的道理。万物生存、繁衍都是因为它能"适应外部因素"或"改变内部因素"，从而"进化"以"适应"外部因素的"变化"。创造"人为事物"同样必须遵循这个原则，一件产品或一项发明之所以得到承认、推广，在于它符合当时当地人们的需要，即适合特定人群在特定空间、时间条件下使用，且能制造、流通，同时尽量减少对生态平衡的破坏。

在认识"物"的全过程中，坚持对"物"存在的"事"的"目的、外部因素"的研究就是理解"物"与"自然"、"物"与"社会"之间依存的必然"关系"，即对"系统"理解，这就是"认识"角度的升华，也就是"本体论"与"认识论"的互为促进和统一。

有了正确的、符合自然规律、社会准则的价值观，客观、全面、系统的观察、分析、归纳方法，以及科学的思维方式，自然能掌握"事物"的"本质"和"系统关系"，进而掌握"由表及里、由此及彼"和"举一反三"的规律，这样，"联想、创造"的方法也就因势利导了。基于"事理"的"评价系统"不仅成为"观察、分析、归纳"的出发点，还是"联想、创造"的评价依据。

"方法论"与"本体论""认识论"在正确的"思维方法"中得到了统一。这就是基于设计"本体论""认识论"与"方法论"统一的、相互依存的、"实事求是"的"事理学"思维方法，自然也是学习"综合造型设计基础"的"基础"。

第6节 "综合造型设计基础"课程的安排

"综合造型设计基础"课程被划为两大基础模块：

第一模块是在本科第二学期，对应的课时为

100学时左右，主要解决基本形态、形态造型和形态语义等问题。具体课程设置为综合造型设计基础（一），课题为"目的形态研究""形态语义研究""形态寓意研究"，包括：形的限定、形的过渡、自然形的提炼、"调节钮"、"国际象棋"、风格练习等。

第二模块是在本科第四学期，对应的课时为80学时左右，主要解决材料、结构与成型和创造等问题。具体课程设置为综合造型设计基础（二），通过完成预先设定的一组案例课题，学生能够综合性地运用材料、结构和成型的知识。课题包括：形的连接、稳定的正多面体、鸡蛋落体装置、包装乒乓球、纸板椅和鸟巢等。

第7节 "综合造型设计基础"课程的重点、难点及解决方法

本课程的重点在于综合研究"人造物"形态的造型和成型规律，以及探究如何在形态、材料、结构、成型工艺基础上应用设计思维方法的，而综合性和案例性的研究是其主要特点。难点体现在其综合性方面，通过特别的课题设计，将复杂性的设计内容变成一个个的子课题，使形态、材料、结构、成型工艺的几个方面的内容融入有趣味又有挑战性的课题之中，并特别强调综合研究、探索、试验的设计思维过程。在完成课题的过程中，学生需了解和掌握材料的应用、结构的选择、加工成型方法对造型的影响和限制等基本的工业设计中的知识、程序和方法，同时将设计思维、设计程序与方法贯穿在课题的造型设计过程中，这是对工业设计方法的最初体验，也是对工业化批量生产流水线程序和机制的初步认识。通过案例性教学方法和实践操作性课题的有机结合，来达到预先设定的课程目标。

本课程是理论与实践并重的案例式课程。通过动手操作的实践过程，验证讲授的理论，并特别强调综合性、复合性、实战性，同时启发学生的创造性思维与创造性的能力，以期达到教学要

求内的"眼、手、脑、心"的配合，得到举一反三的效果，这正符合工业设计教学的授课规律和设计活动的规律，它将在以后的设计实践中也能很好地运用。例如，在教学实践案例中常用的课题为"用相同的单元组成一个稳定的正多面体"，在限定的条件下，通过发挥材料性能和结构优势，完成抽象的"稳定"的这一目的。在深入理解几何形——"正多面体"的基础上，训练学生的空间想象力，再通过构思、分析材料的材性、材型、构性、构型、型性、型形，巧妙地设计相同的结构单元。然后，通过结构和工艺组织完成"正多面体"。通过这一课题，不仅使学生了解材料的本质特性，还帮助他们了解不同材料的不同结构特性以及相应的加工方式，从而对工业设计未来的生产环境有了初步的认识。更为重要的是，这一过程训练了学生一种创造性的思维方法，体验从发现问题，分析问题，解决问题的整个过程，并在实践中掌握了对造型的评价能力。

2

进行工业设计基础教育课程的组织可以说是工业设计教育中最为重要的活动之一。自1919年约翰·伊顿创建具有现代工业设计学科特征的基础课程以来，如何有效地组织工业设计教育的基础课程一直是工业设计教育界反复思考的问题。

今天的中国作为世界上最有影响力的制造业大国之一，已经不仅仅满足于"世界工厂"的地位，针对制造业的工业设计专业也在这几十年间得以茁壮成长。似乎在一夜之间，我国设有工业设计学科的大专院校已有300多所，每年走出院校的工业设计专业毕业生有数万之众。这是一个惊人的数字，可以设想我国已经开始向设计大国进发。然而，因为时间、空间等条件的复杂性，工业设计的基础教育没有一个放之四海皆适用的模式。

我国工业设计基础教育在引入国外先进教学体系的同时，引入体系的本土化和时代化速率相对缓慢，导致培养出的工业设计人才不能满足当代中国制造业发展的需要。古人云，"以史为鉴，可以知兴替。"通过对历史上杰出设计院校及其存在的时代背景研究（图2-1），我们可以更好地解读和探索以下问题：

① 影响工业设计基础教育设置与发展因素；

② 上述因素间的关系以及因素与工业设计基础教育的关系；

③ 如何根据这些因素设置对应的工业设计基础教育。

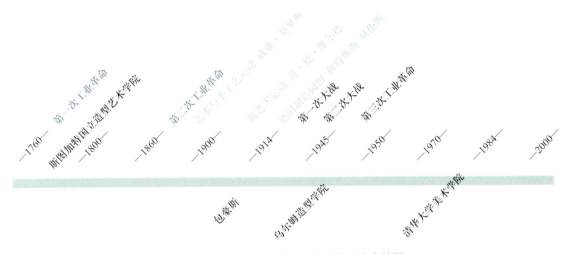

图2-1 影响工业设计教育的重大历史事件图

第1节 时代背景

1. 生产力发展

三次工业革命见表2-1。

2. 人文探索

（1）工艺美术运动（1864—1896）

19世纪后期，英国发生了一场以威廉·莫里斯和约翰·拉斯金为代表的工艺美术运动。该运动的理论指导为作家拉斯金，而运动的

表 2-1　三次工业革命

项目	次第		
	第一次工业革命	第二次工业革命	第三次工业革命
时间	18 世纪约 60 年代开始	19 世纪约 60 年代开始	第二次世界大战后开始
条件	① 前提——资产阶级统治的确立；② 资本——海外贸易、奴隶贸易和殖民掠夺；③ 劳动力——圈地运动；④ 技术——国外市场不断扩大；⑤ 市场——英国先后打败西班牙、荷兰、法国，国外市场不断扩大	① 政治保障——资本主义制度在世界范围内的确立；② 生产技术——自然科学的突破性进展；③ 资金——资本的积累和对殖民地的掠夺；④ 市场——德、意、日等国统一开辟了国内市场；⑤ 世界性市场的出现和资本主义世界体系的形成，进一步扩大了对商品的需求	① 政治保障——资本主义发展相对稳定和国家垄断资本主义发展；② 先决条件——科学理论的重大突破；③ 必要手段——科学技术的发展具备了一定的物质和技术基础；④ 推动力——社会需要（第二次世界大战中的军事需求、战后军备竞争和发展经济的要求）
主要成就	棉纺织：① 哈格里夫斯发明了珍妮纺纱机（1765 年）；② 克隆普顿发明了骡机（1779 年）；③ 卡特莱特发明了水力织布机（1785 年）。 动力：瓦特改良了蒸汽机（1785 年）。 交通运输：① 富尔顿发明了轮船（1807 年）；② 斯蒂芬森发明了蒸汽机车（1814 年）	① 电力的广泛应用：法拉第——发电机，格拉姆——电动机；② 内燃机和新交通工具的创制：卡尔·本茨——内燃机驱动的汽车，莱特兄弟——飞机；③ 电信事业的发展：贝尔——电话，马可尼——无线电报	以原子能 [原子弹爆炸（1945 年），第一座核电站建成（1954 年）]、航天技术 [第一颗人造卫星上天（1957 年），第一架航天飞机升空（1981 年）]、电子计算机的应用 [电子计算机诞生（1946 年），集成电路计算机问世（1964 年）] 为代表，还包括人工合成材料、分子生物学和遗传工程 [重组 DNA 生物基因工程首创成功（1973 年）] 等高新技术
特点	① 首先发生和完成在英国，从发明和使用机器开始到机器生产机器；② 开始于轻工业（棉纺织）部门，发明机器者大多是具有实践经验的工人和技师；③ 大机器生产代替工场手工业	① 有坚实的科学基础，科学与工业生产紧密结合，与技术结合，推动生产力的发展；② 同时在几个国家发生，规模广泛，发展迅速；③ 在许多国家，两次工业革命交叉进行	① 科学技术转化为直接生产力的速度加快；② 科学和技术密切结合相互促进；③ 科学技术各个领域间相互渗透，高度分化又高度融合
影响	① 极大地提高了生产力，资本主义制度的巩固与广泛建立；② 社会结构发生重大变革，社会日益分裂为两大对立阶级；③ 经济结构发生重大变化，开始了城市化进程；④ 世界格局发生变化，东方从属于西方；⑤ 自由资本主义发展起来，殖民侵略进入以商品输出为主时期	① 生产力迅猛发展；② 垄断与垄断组织形成，主要资本主义国家进入帝国主义阶段；③ 帝国主义列强加紧瓜分世界，殖民侵略进入以资本输出为主的时期；④ 政治经济发展的不平衡加剧，世界力量对比格局发生改变	① 极大地推动了社会生产力的发展；② 促进了社会经济结构、社会生活结构和文化结构的变化；③ 推动了国际经济格局和道德观念的调整

代表人物则是艺术家莫里斯。当时的设计师们主要面临两个重要的问题：一是矫饰、过饰的维多利亚风格的蔓延；二是工业化的来临。设计师们面对工业化带来的种种社会问题，希望通过设计来逃避现实，退隐到理想中的"桃花源"——中世纪的浪漫中去，但其精神违背了历史发展的潮流。拉斯金主张学习自然，从植物纹样中汲取素材与营养。他崇尚哥特式风格，是一个机械否定论者。而莫里斯对当时出现的缺乏艺术性的机械化、批量化产品深恶痛绝，他同时也十分反对脱离实用和大众的纯艺术，主张技术与艺术结合。

该运动最重要的行动是，1861年莫里斯与友人合作成立了一家绘画、雕刻、家具和金属制品美术工匠公司。这在艺术设计史上具有重要意义：该公司是首个由美术家亲自设计并组织生产的机构，但其背离了工业革命的必然趋势，否定代表新生产力的大工业机器生产，因此无法从根本上解决工业产品中技术与艺术的矛盾。该运动提出了"美术与技术结合"的原则，主张美术家从事产品设计，反对"纯艺术"，提倡"师法自然"；反对工业化，否定机械生产，过于强调装饰。由于其未能肯定机械化大生产、形成流水线集体劳动、抛弃旧传统，使产品为大众服务，所以仍未能摆脱小生产的、自然经济的手工业艺术观念的束缚（图2-2）。

（2）新艺术运动

1900年前后，以法国和比利时等国为中心的新艺术运动是一次形式主义运动，其名称来源于代表人物萨缪埃尔·宾开办设计事务所"新艺术之家"。该运动继承了工艺美术运动的部分思想，又有所不同，代表人物有萨缪尔·宾、亨利·凡德·威尔德等。

新艺术运动完全放弃任何一种传统装饰风格，在装饰上突出表现曲线、有机形态，而装饰的动机基本来源于自然形态。该运动主张艺术与技术结合，提倡艺术家从事产品设计。其主要成

就体现在家具与室内设计方面，主要贡献在于继承了英国"工艺美术运动"中技术与艺术相结合的主张，并使得这种新的设计理论和观念在欧洲各国得到了广泛的传播，是传统艺术设计与现代设计之间的一个承上启下的重要阶段。

图2-2 威廉·莫里斯的公司生产的橡木椅子

在此运动中，比利时的运动具有民主的色彩，提出了"人民的艺术"的口号，该口号蕴含了为大众设计，从消费者使用出发进行设计的重要含义。亨利·凡德·威尔德认为应该做到"产品设计结构合理，材料运用严格准确，工作程序明确清楚"，并将此作为设计的最高原则，达到"工艺与艺术的结合"。此举突破了新艺术运动只追求产品形式上的改变，不管产品的功能性的局限，推进了现代设计理论的发展。斯堪的纳维亚人于1919—1920年形成了以功能为第一要素的思想——功能主义思想。维也纳分离派则提倡功能主义和有机形式的结合，将简单几何外形和

流畅的自然造型结合。德国的"青春风格"重视自然主义的装饰特点，具有反机械化、反工业化的倾向和明显的哥特复古倾向，自然主义色彩和象征是其特点（图2-3）。整个新艺术运动追求装饰，探索新风格，试图在艺术、手工艺之间找到一个平衡点。该运动依然是为豪华、奢侈的设计服务，为权贵服务，未能完全跳出手工艺的圈子。其局限在于否定了工业革命和机器生产的进步性，错误地认为工业产品必然是丑陋的。

图2-3　青春风格座椅

（3）装饰艺术运动

装饰艺术运动发生在20世纪二三十年代的英国、法国、美国等国，同现代主义运动几乎同时发生发展，与其有着千丝万缕的联系。从思想和意识形态方面来看，装饰艺术运动是对矫饰的"新艺术运动"的反动。它反对古典主义的、自然的、单纯手工艺的趋向，主张机械化的美，为大批量生产提供了可能，但其服务对象依然是资产阶级等少数人。这属于一种折衷主义立场，是

装饰运动在20世纪初的最后一次尝试，它采用手工艺和工业化的双重特点，采取设计上的折衷主义立场，设法把豪华的、奢侈的手工艺制作和代表未来的工业化特征合二为一，但是其东、西方结合，人情化与机械化的结合的尝试值得借鉴（图2-4）。与现代主义的本质区别在于，其服务目标不是人民大众。

图2-4　夏威夷剧院装饰艺术风格的门

（4）现代主义运动

现代主义运动是20世纪初期开始，到第二次世界大战结束以后相当长时期内的运动。这一运动在现代科学技术革命的推动下兴起，以大工业生产为基础，服务于整个工业社会。它在理论与实践方面都取得了丰硕成果，使人的生存环境发生了巨大变化，也使人们的消费要求和审美情趣发生了根本的改变。运动中涌现了一批具有民主思想，充分肯定工业社会大生产，赞赏新技术、新材料的工业设计先驱人物。面对时代的挑战，他们提出了功能主义的设计原则，提倡科学的理性设计，并创立了新时代的设计美学与机械

美学。他们设计的简洁、质朴、使用方便的全新产品，不仅确立了现代主义生活方式基础上的形式与风格，更标志着产品设计正式进入现代工业化设计的时代。这一运动也促使工业设计开始成为一门独立的学科。

（5）荷兰风格派运动

荷兰风格派运动得名于特奥·凡·杜斯博格于1917年创办的名为《风格》的杂志，其代表人物为杜斯博格、彼埃·蒙德里安、赫里特·里特菲尔德等。风格派又因蒙德里安以"新造型主义"为题发表的论文而被称为新造型主义，被认为是所谓"经典现代主义"的最主要基础之一。他们认为变化丰富的现存事物，都有一定的规律和本质可循。艺术家可以通过知觉和理性认知它们，并进行归纳，深入表现本质。他们多以几何图形作为其主要的表现符号。他们认为这就是世界乃至宇宙的"本质结构"。由于人的理性的归纳，丰富而混乱的万物都变得清晰、纯净而有序。其宗旨是实现集体与个人、时代与个体、统一与分散、机械与唯美的统一。

《红蓝椅》的理性化设计与设计家对第一次世界大战的反思和对抗有着内在的联系。在形式上，是蒙德里安作品《红黄蓝相间》的立体化诠释。该艺术家以擅长利用处于不均衡格子中的色彩关系达到视觉平衡而著称。里特菲尔德认为，结构应服务于构件间的协调，以保证各个构件的独立与完整。这样，整体就可以自由和清晰地存在于空间中，形式就能从材料中抽象出来。里特菲尔德在这一设计中创造的空间结构具有开放性，这种开放性指向了一种"总体性"，即一种在形式上抽离了材料而呈现整体性。

从功能和体验上说，这把椅子是不舒服的，但是通过展示，它证明了产品的最终形式取决于结构。设计师可以给功能赋予诗意的境界，这是对工业美学的独特阐释。而且，这种标准化的构件为日后批量生产家具提供了潜在的可能性。它

的与众不同的现代形式，成功摆脱了传统风格家具的束缚，预示着独立的现代主义趋势的兴起。因此，《红蓝椅》集中体现了风格派哲学精神和美学追求，成为现代主义在形式探索上的一个非常重要的里程碑，对整个现代主义设计运动产生了深刻的影响（图2-5）。

图2-5　红蓝椅

（6）俄国构成主义设计运动

俄国十月革命胜利前后，在俄国先进的知识分子当中兴起了前卫艺术运动和设计运动，其代表人物有弗拉基米尔·塔特林、埃尔·李西斯基等。构成派艺术家受到了立体派、未来派和风格派等抽象艺术的影响。构成主义强调外观的象征性和整体的简洁性，针对单纯结构和功能的表现进行探索，并将工业材料构建的结构表现视为最终的目标（图2-6）。

1922年，沃尔特·格罗佩斯受构成主义影响，调整了包豪斯的教学方向，抛弃表现主义艺术方式，转向理性主义。俄国构成主义认为设计要为政治服务。

图 2-6　塔特林设计的第三国际纪念塔

（7）德意志制造同盟

成立于 1907 年的德意志制造同盟，是德国现代主义的基石，在理论与实践上都为 20 世纪 20 年代欧洲现代主义设计运动的兴起和发展奠定了基础。它是世界上第一个由政府支持的、旨在促进产品艺术设计的中心。其核心人物是德国著名教育家和设计理论家赫尔曼·穆特修斯、设计先驱彼得·贝伦斯等。穆特修斯作为官员在英国考察后，洞察到英国工艺美术运动的致命弱点在于对工业化的否定，因此确立了艺术、建筑、产业、工艺、贸易、投资等各界共同推动"工业产品的优质化"的原则，他主张德国设计界追求"明确的实用性"，认为设计必须针对目的，讲究实用功能，注重制作成本。该组织努力向社会各界推广工业设计思想，介绍现今设计成果，以促进各界领导人支持设计的发展，从而推进德国经济和民族文化素养的提高。

其宣言明确提出艺术、工业、手工艺应当结合；通过教育、宣传，促进德国艺术、工业设计和手工艺合作，以提高德国设计水平；协会主要采取非官方路线，是设计界的行业组织；在德国设计界积极宣传和主张功能主义和承认现代工业；反对任何形式的装饰；主张标准化和批量化生产，并将此作为设计的基本要求（图 2-7）。

图 2-7　贝伦斯设计的风扇

第 2 节　包豪斯

1. 综述

"Bauhaus"是格罗佩斯专门创造的一个新词。"bau"在德语中是"建造"的意思，"haus"在德语中是"房子"的意思，因此"Bauhaus"就是"造房子"。从这个新造词的构成就能看出，格罗佩斯试图将建筑艺术和建造技术这两个被长期分割的领域重新结合起来。在现代设计史上，1919 年成为一个重要的起点，在这一年的 4 月 1 日建立的包豪斯设计学校（Bauhaus），是世界上第一所真正为发展现代设计教育而建立的学院，它为工业时代的设计教育开创了新纪元。

2. 包豪斯的主要历史阶段

包豪斯的三个历史阶段：第一阶段：魏玛时期（1919—1925）——格罗佩斯的理想主义。格罗佩斯任校长，提出"艺术与技术的新统一"的崇高理想，肩负起训练20世纪设计师和建筑师的神圣使命。他广招贤能，聘任艺术家与手工艺匠人授课，形成了艺术教育与手工制作相结合的新型教育制度。该阶段可细分为两个时期，1922年与1923年的国际构成主义大会和苏联构成主义设计展览，使格罗佩斯意识到构成主义是统一艺术与技术的可能途径，立即调整了包豪斯的教学方向，摒弃了无病呻吟的表现主义艺术方式，转向理性主义，并提出了"不要教堂，只要生活的机器"的口号，成为包豪斯自开办以来第一次方向上的重大调整。于是，莫霍利·纳吉代替了约翰·伊顿进行基础课程的深入改革。

1922年，在杜塞尔多夫市举办国际构成主义和达达主义研讨大会，世界上最重要的两位构成主义大师——埃尔·李西斯基与荷兰风格派的代表人物杜斯博格，他们带来了对于纯粹形式的新看法和新观点，形成了国际构成主义观念。1923年，在柏林的苏联新设计展览使西方系统地了解到构成主义的探索与成果，也了解到设计观念背后的社会责任和目的。

第二阶段：德绍时期（1925—1932）——汉斯·迈耶的共产主义。包豪斯在德国德绍重建（图2-8），并进行课程改革，实行了设计与制作教学一体化的教学方法，取得了显著成果。这个时期被认为是包豪斯历史上的黄金时期。1928年，格罗佩斯辞去包豪斯校长职务，由建筑系主任汉斯·迈耶继任。这位德国建筑师将包豪斯的艺术激进扩大到政治激进，从而使包豪斯面临着越来越大的政治压力。迫于政治压力，迈耶本人不得不于1930年离任，由米斯·凡·德·洛继任。接任的米斯面对来自纳粹势力的压力，将包豪斯变成一个与政治无关的建筑设计学院，并竭尽全力地维持着学校的运转。然而，在1932年10月纳粹党控制德绍后，包豪斯被迫关闭。

图2-8 包豪斯

第三阶段：柏林时期（1932—1933）——米斯·凡·德洛的实用主义。米斯将学校迁至柏林的一座废弃的办公楼中，试图重整旗鼓。然而，由于包豪斯的现代主义设计精神为德国纳粹所不容，4月德国官方发出命令关闭包豪斯。最后，由于经济问题，米斯于该年8月宣布包豪斯永久关闭，不得不结束其14年的发展历程。柏林时期的包豪斯仅仅持续了6个月的时间。

3. 包豪斯教学体系

从教学角度，可以将包豪斯分为以下几个历史时期：

1919—1923年，格罗佩斯力图对教学体系进行改革。改革的中心在于以手工艺的训练方法为基础，通过艺术的训练，学生的视觉敏感性达到一个理性的水平，也就是说对于材料、结构、肌理、色彩有一个科学的技术的理解（图2-9）。包豪斯认为设计教育应该着重于技术性基础与艺术性创造的结合。初期教学改革的中心是强调技术性、逻辑性的工作方法和艺术性的创造。基础课程的教育改革是以技术性、逻辑性、理性的教育作为改革的中心内容。以约翰·伊顿为首建立的基础课程，将平面和立体结构的研究、材料的研究、色彩的研究独立进行，使视觉教育第一次比较牢固地建立在科学的基础上。伊顿主要强调两个方面：一是强调对于色彩、材料、肌理的深入理解，特别是对二维和三维形态的探讨与了解。基于此，依顿开设了现代色彩学课程。二是通过对绘画的分析，找出潜在的视觉规律，特别是韵律和结构这两个方面的规律，逐步使学生对于自然事物具有一种特殊的视觉敏感性。保尔·克利认为所有复杂的有机形态都是从简单的基本形态演变而来。要掌握复杂的自然形态，关键在于了解自然形态形成的过程。他不主张模拟自然形态，而应遵循自然形态的发展规律和自然法则。克利的重要贡献是把理论课和基础课、创作课联系起来，使学生得到很大的启发。

图2-9　伊顿有关材料对比的课题

1923—1927年，包豪斯开始走向理性主义，逐渐接近科学方式的艺术与设计教育。该阶段是包豪斯历史上最有成就的黄金阶段，开始采用现代材料、以批量生产为目的、具有现代主义特征的工业产品设计教育（图2-10、图2-11），奠定了现代主义的工业产品设计的基本面貌。德国对发展工业和工业设计的需要为包豪斯的发展提供了契机。格罗佩斯认为建筑教育必须建立在基础教育、手工技术训练和扎实的理论课程三个方面之上。1927年，包豪斯新增了建筑系。

1927—1930年，汉斯·迈耶担任校长，教育开始走向政治化，并侧重于建筑专业。这段时期，学校处于内忧外患之中。

1927年，在汉斯·迈耶的主持下，包豪斯建筑系正式成立，并开设了结构、静力学、制图、建筑学、城市及区域规划等课程。他们为德绍市的工人住宅小区和柏林附近的柏诺工会学校所做的规划和设计，获得了很高的评价。

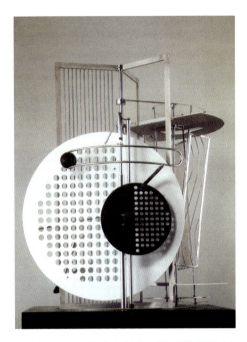

图 2-10 纳吉有关光和运动的训练

图 2-11 平衡研究练习

1930 年，包豪斯成立了建筑设计和室内设计系，这标志着以建筑为中心的设计教育体系日趋完整。随后，米斯接任校长，包豪斯转变为专注于建筑设计的学院，并与政治保持一定的距离。

包豪斯之前的设计学校偏重于艺术技能的传授，如英国皇家艺术学院前身的设计学校，设有形态、色彩和装饰三类课程，培养出的大多数学生是艺术家，而极少数学生是艺术型的设计师。包豪斯为了适应现代社会对设计师的新要求，建立了"艺术与技术新联合"的现代设计教育体系，开设了构成基础课、工艺技术课、专业设计课、理论课及与建筑有关的工程课等现代设计教育课程，培养出了大批既有美术技能，又掌握科技应用知识技能的现代设计师。

4. 包豪斯的学制

包豪斯的创始人格罗佩斯针对工业革命以来所出现的大工业生产中"技术与艺术相对峙"的状况，提出了"艺术与技术的统一"的理念，这一理念逐渐成为包豪斯教育思想的核心。包豪斯注重对学生综合创造能力与设计素质的培养。包豪斯的整个教学改革是对主宰学院的古典传统进行冲击，提出"工厂学徒制"，强调实践经验在教学中的重要性。整个教学历时三年半，最初半年是预科，学习"基础造型""材料研究""工厂原理与实习"三门课，然后根据学生的特长，分别进入后三年的"学徒制"教育。合格者获得"技工毕业证书"。然后再经过实际工作的锻炼（实习），成绩优异者进入"研究部"，研究部毕业后方可获得包豪斯文凭。学校里不以"老师""学生"互相称呼，而是互称"师傅""技工"和"学徒"。所做的东西既合乎功能又能表现作者的思想——这是包豪斯对学生作品的要求。在早期的实际教学过程中，存在一对巨大的矛盾："形式导师"对技术、材料、工艺的不理解和轻视与"作坊师傅"对于形式规律、色彩规律、抽象思维、哲学、美学理论知识的匮乏。由于格罗佩斯本人就重形式而轻作坊，导致两者不能完美地融合到一起。包豪斯的主要课程一直处于变化发展中。

包豪斯初步课程的练习成果直接反应在同期手工作坊的作品上（表 2-2）。早期（伊顿时期）的作坊作品受到荷兰风格派产生的形式的影响较深，后期（纳吉时期）的作品更多显现出对产品功能形态的探讨。例如，铜壶、滤茶器和写字台灯等设计，它们都是从产品的功能和加工过程出发，重新对形态进行思考（图 2-12）。

表2-2　包豪斯基础课程变化

基础课程				
瓦西里·康定斯基	自然的分析与研究		分析性绘图	
保罗·克利	对自然现象的分析		造型、空间、运动和透视的研究	
约翰·伊顿	理解自然物体的练习	不同材料的质感练习	古代名画分析	
莫霍利·纳吉	悬体练习	体积与空间练习	不同材料结合的平衡练习	
	结构练习	肌理与质感练习	铁丝、木材的结合练习	设计绘画基础
阿尔伯斯	组合练习	纸造型练习	纸切割造型练习	铁板造型练习
	铁丝构成练习	错视练习	玻璃造型练习	

图2-12　黄铜和乌木制的茶壶

这些课程基本涵盖了现代设计教育所包含的造型基础、设计基础、技能基础等三方面知识，为现代设计教育奠定了重要基础。

造成包豪斯基础课与众不同的地方，是课程的理论基础。通过理论的教育，启发学生的创造力，丰富学生的视觉经验，为后续进一步的专业设计奠定基础。包豪斯的基础课程最大的特点就是有严谨的理论作为基础教学的支撑。技术与理论合一的协调是基础课程的关键。这一点可能是我国现代设计教育最应该从包豪斯基础课程体系中学习的地方。

5. 包豪斯的教师

奠基人格罗佩斯是20世纪最重要的现代设计家、设计理论家和设计教育的奠基人、杰出的现代主义建筑大师。格罗佩斯作为包豪斯的奠基人，一直关注着整个包豪斯的发展、壮大直到最后的衰落。他的思想一直具有鲜明的民主色彩和社会主义特征。他希望设计能够为广大劳动人民服务。

包豪斯的教师中，瓦西里·康定斯基、保尔·克利以及利奥尼·费宁格是公认的20世纪艺术大师。莫霍利·纳吉则是著名的构成派成员。此外，画家约翰·伊顿，建筑家米斯·凡·德洛、汉斯·迈耶，家具设计师马赛尔·布鲁尔，灯具设计师威廉·瓦根菲尔德都是包豪斯的骨干。

鉴于上述包豪斯的师资汇集了当时欧洲最负盛名的艺术大师，现代美术诸流派发展的基本原理也被纳入了包豪斯造型教育的轨道，这使当时各种造型思潮得以聚集，并进一步形成体系，最终促成了现代国际主义视觉语言的产生。正如当时人所评论的，"包豪斯的工作，使人理解了隐藏在现代绘画后面的新观点。"包豪斯的研究基于一种对新空间的探索。这种探索最早始于综合立体主义，20世纪初期，俄国的构成主义、荷兰风格派都是这方面的探索，而包豪斯将这种地方性的视觉语言整理提高成具有国际视觉语言特征的包豪斯造型理论。

6. 包豪斯的功绩

（1）包豪斯打破了将"纯粹艺术"与"实用艺术"截然分割的陈腐落伍教育观念，进而提出了"集体工作"的新教育理想。

（2）包豪斯在"艺术"与"工业"的鸿沟之

间架起了桥梁，使艺术与技术获得新的统一。

（3）包豪斯接受了机械作为艺术家的创造工具，并研究出大量生产工艺的程序与方法。

（4）包豪斯认清了"技术知识"可以传授，而"创作能力"只能启发的事实，为现代设计教育立下了良好的规范。

（5）包豪斯发展了现代的设计风格，为现代设计指明了正确方向。

7. 包豪斯对建筑的影响

19世纪末20世纪初，西方文化思想领域发生了大动荡。在这种社会背景下，德法两国成为当时激进建筑思潮最活跃的地方。德国建筑师格罗佩斯、米斯·凡·德洛和法国建筑师勒·柯布西耶三人是主张全面改革建筑的最重要的代表人物。1919年，格罗佩斯创立新型的设计学校"包豪斯"，该学校在20年代成为建筑和工艺美术的改革中心。1923年，勒·柯布西耶发表《走向新建筑》，提出了激进的改革建筑设计的主张和理论。1927年，在米斯主持下，于德国斯图加特市举办展示新型住宅设计的建筑展览会，其中的设计至今仍为住宅设计的蓝本。1928年，各国新派建筑师在瑞士成立了国际现代建筑协会。到20年代末，经过许多人的积极探索，一种旨在符合工业化社会建筑需要与条件的建筑理论逐渐形成，这就是所谓的现代主义建筑思潮。

现代主义建筑思潮本身包括多种流派，各家的侧重点并不一致，创作各有特色。但从20年代格罗佩斯、勒·柯布西耶等人发表的言论和作品中可以看到以下一些基本的特征：

（1）强调建筑随时代发展变化，现代建筑应同工业时代相适应。

（2）强调建筑师应研究和解决建筑的实用功能与经济问题。

（3）主张积极采用新材料、新结构，促进建筑技术革新。

（4）坚决主张摆脱历史上建筑样式的束缚，放手创造新建筑。

（5）发展了建筑美学，提出创造新建筑风格的宣言。

第3节　乌尔姆造型学院

1. 综述

乌尔姆造型学院（简称"乌大"）以其极富国际声誉的设计思想，对设计从科学角度的全新理解和诠释，以及坚定的反法西斯的立场、强烈的社会责任感和民主思想，使其在短短的十二年校史里，吸引了来自全球49个国家的560名学生。即便在今天，40%的留学生比例也令人震惊，不仅如此，谈论"伟大的乌尔姆学院"的人遍布全球，包括各行各业的专家。援引乌大毕业生赫伯特·林丁格的话，"大概是不寻常的理念、不寻常的人、再加上不寻常的观点，才让'乌尔姆'长留人心，未遭湮没。"（图2-13）

乌大是工业产品造型设计领域内的一所国际性教学、发展与研究中心。在该范围之中，一方面要了解那些由日常生活、生产技术、管理技术、科技应用以及营建方式等因素决定的物品；另一方面也要研究那些透过现代大众媒体而传播的视觉与语言载体。乌大的教学体系和内容，不但不同于传统的艺术学院和手工工艺学校，与当时的其他学校相比，乌大更是独树一帜，其体系和内容刻意排除了艺术与手工艺，完全基于当代科学发展的立场之上，将20世纪五六十年代世界上最为先进的各种学科思想和方法引入到设计教学之中。为适应德国工业的恢复和科学技术的发展，提高建筑、工业产品、平面设计的总体水平，学院旨在培养具有坚实科学基础的新型设计师。学院在理论上确立了现代设计是建立在科学技术、工业生产和社会政治三方面基础上的应用科学。因此，学院进行了教学改革，完全排除了与艺术相关的课程，使设计学院成为纯粹的理工

图 2-13　鸟瞰乌大校舍

学院，将设计变成一门多学科交叉的边缘科学，从而得以从传统的艺术与技术结合的轨道上分离出来，自此世界设计教育分为两大体系。在工业产品设计教学中，以机械、材料、车间实验等课程为基础，培养学生的技术分析能力，并建立了严格、高效的视觉表现和传达系统，首次实现了平面设计科学化。学院还进一步强调设计学科的科学性，将第二次世界大战后新兴的系统论、信息论、控制论引入教学中，开创了世界系统设计的先河，使学院成为德国功能主义、新理性主义的设计理论中心。

　　乌大建立于第二次世界大战后，由绍尔兄妹基金会吸引"援助欧洲"基金的赞助和来自美国驻德高级行政长官约翰·麦克洛伊代募的美方捐款筹办而成。其初衷是建设一个具有社会政治任务的学院，以期对新民主教育作出贡献。第二次世界大战以后，德国作为战败国，政治上被分割为联邦德国和民主德国，国民经济基本被摧毁，工业产业荡然无存，整个国家一片废墟，重建的任务十分艰巨。德国设计界面临着许多新任务，

包括设计如何能够与生产相结合，以振兴德国的制造业；设计如何能够迅速地为国民经济发展服务，提升德国产品的水准，提供国内市场的需求，并且为出口服务；设计如何能够使德国产品形成自己的面貌，而不是仿效国外流行风格，包括旅居美国的德国包豪斯人所推崇的战后国际主义风格；等等。这些问题的解决都迫在眉睫。德国设计界因为第二次世界大战的原因损失了一大批精英，包豪斯的主要人物纷纷移居美国，美国成为全球设计的新重心。乌大的建立是德国人开始重新振兴自己的高等设计教育事业的重要尝试。

2. 乌尔姆造型学院的主要历史阶段

　　乌大的发展史实际上是其对科学与造型关系的理解不断变化的过程，可以分为六个阶段：

　　第一个阶段（即创校阶段，约从 1947 年到 1953 年），英格·绍尔与欧托·艾歇、瑞士人马克斯·比尔及许多志同道合之士，筹备建校资金并进行策划，将学校的关注点集中在工业社会的

造型问题上。

第二个阶段（"新"包豪斯阶段，从1953年到1956年），学校对造型的理解深受担任新校长的前包豪斯学生马克斯·比尔的影响。在这期间，比尔着手启动新的教学计划。乌大开幕式上英格·绍尔与格罗佩斯讨论新的教学计划（图2-14）。比尔通过他的工作以及声誉，使乌大获得了国际的肯定与赞许。鉴于欧洲当时的满目疮痍，他提出了学校的目标："由汤匙到都市……参与建立新文化的工作"。后来比尔找到了阿根廷画家托马斯·马尔多纳多、荷兰建筑师汉斯·古格洛特与前风格派成员弗里德利希·佛丹贝格·基德瓦特。尤其是马尔多纳多，他彻底扭转了乌大原先深受手工思想影响的包豪斯传统（图2-15、图2-16），并且转向科学与现代量产技术的新方向。早期与布劳恩公司的成功合作不但引起了轰动，也从客观上进一步强化了这些新的观点。后来，这个合作小组的人取代了比尔的位置，从某种意义上说是比尔自己将自己排除在乌大全新的理念之外。然而正是这一系列选择和转变促成了乌大核心思想的建立，使得乌大走向日后的辉煌。

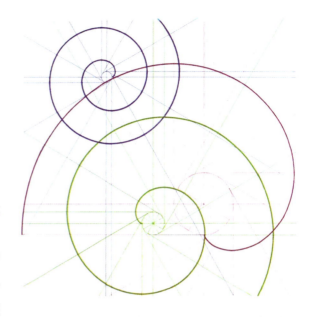

图 2-15 渐开线

注：乌大成立之初聘请数位包豪斯原有教师和毕业生，其早期在内容和形式上均延续了包豪斯的传统。可以看到，图中伊顿正指导大家在课前进行调息冥想训练。

图 2-16 包豪斯的影响

第三个阶段（造型与科学，从1956年到1958年）。在这个阶段，乌大尝试在造型、科学与技术之间，建立一种全新且根本的紧密关系。"乌尔姆模式"首次明确展示出其鲜明的旗帜，乌大将德意志制造同盟提倡的工业设计团队模式引入设计教育中，期望让设计师建立起一种全新且

图 2-14 乌大开幕式上英格·绍尔与格罗佩斯对话

更谦虚的自我认识。设计师在工业与美学的事务中，不应再自视为高人一等的艺术家，而应作为整个设计团队的一员。他们必须尝试与学者、研究人员、商人和技师通力合作，以便能将他对环境、社会的造型想象远景予以实现。在这个阶段，乌大还构建了新型的基础课程，整合了知觉理论与符号学。工业界开始对乌大处理大型计划有了信心，如汉堡的地铁设计案。各系也首次发展出一种设计的系统方法学。建筑系在空拉·瓦赫斯曼及赫尔伯特·欧尔的影响下，转变成为工业营造系。然而，乌大在其强烈的科学与技术引领设计的观念下，忽视了造型中存在的感性因素，从而导致了科学对造型的主宰（图2-17）。

第四个阶段（对规划的亢奋，从1958年到1962年）。在这个阶段，乌大大幅将人文科学、人因工程及操作科学、规划方法学及工业技术引入教学内容中。同时，这些科目与造型课程之间

的比重问题也随之凸显出来。学校习作与设计案的前期分析研究成为越来越重要的设计领域（图2-18～图2-22）。

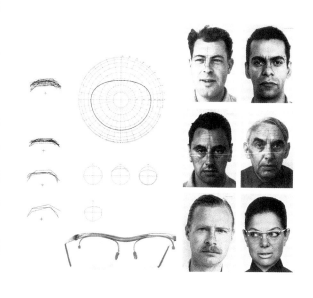

图2-17 古格洛特指导的为Angerer公司设计的眼镜

图2-18 汉堡地铁内部设计

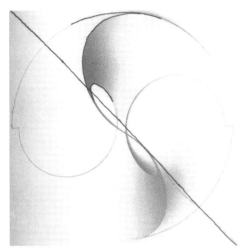

图 2-19　由扭转的单面平面构成的球体

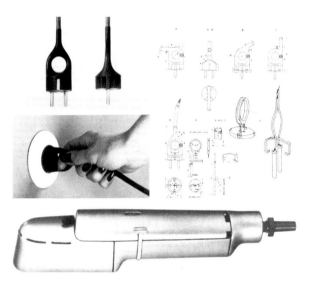

图 2-20　PVC 软性材质制成的插头

图 2-21　可堆叠的餐具

图 2-22　家具系统（1957 年第一个广泛使用塑胶面合板制作的家具系列）

第五个阶段（乌尔姆模式，从 1962 年到 1966 年）。

（1）尝试在理论与实践之间，以及科学研究与造型行为之间寻求新平衡。设计师的自我认识被重新定义。一些对设计必要的科学理论，在合乎其实用的工具特性的基础上，被重新加以权衡。理论科目的比重并未被缩减。

（2）所谓的乌尔姆教育模式在这个阶段得到了显著体现。理论在课程纲要中所占的比重甚至还有所增加。毕业作品中的理论部分也由抽象的推论逐渐转变为实验式的研究。应用范围扩展到了大众运输、个人交通工具以及电气设备领域（图 2-23）。为了将各科系重新紧密地整合，学校进行了跨科系的专题计划。

（3）此阶段出现了工业设计方面的最早的一些牛杰学的课题，同时基础教学的观念也经历了巨大的改变。在理论方面，还出现了一些设计分析与设计批评理论。

图 2-23 街灯设计

第六个阶段（挣扎与失败，从 1967 年到 1968 年），由于缺乏经费，1968 年 12 月 5 日巴登 – 符腾堡州议会作出了解散乌大的决议。

3. 乌尔姆造型学院的基础课程

预科的四个目标：

（1）引领学生进入各科系的学习阶段，尤其是各系工作所赖以为根基的那些方法（预科就是为专业做准备）。

（2）让学生熟悉科技文明是最重要的任务，并通过这种方式介绍具体造型任务的范畴（将造型的范畴与科学技术相结合，让学生明白科技文明的重要问题）。

（3）训练不同学科之间的合作，并且由此让学生对团队工作有所准备，这指的是一个专业的团队，而团队中每个人都能彼此了解各自问题及其观点；可以说，进一步深化了德意志制造同盟的理念，即将银行家、企业家、商人、艺术家、建筑家、工程师、技师和政府官员统一在一起推动设计；让学生真正意识到设计是要通过系统来实现的；此外，理解良好的与他人合作的能力也是设计师必不可少的素质。

（4）调整先前所受的教育差异性（尽可能使不同条件的学生具备进一步学习的基础，为之后的学习做好准备，因为乌大的国际学生非常多）。

基础课的四个方面：

视像入门：进行视觉现象（色彩、形态、空间）方面的训练与实验（使学生认识不同的视觉要素，并掌握方法，内容涉及感知学、形态学、拓扑学、语义学的系统式分析）。

表现手法：练习并分析基本表现方法（图像、文字、手工绘图、工程制图）。

工厂制作：学习手工技术（在工厂里加工木材、金属、石膏、塑料等）并分析造型手法。

文化整合：对现代史、当代艺术、哲学、文化人类学、形态学、心理学、社会学、经济学和政治学等内容进行授课与研习讨论（表 2-3）。

4. 乌尔姆造型学院的基础课程体系

基础课程目标：

表 2-3 基础课程和成就

项目	时间			
	1955 年之前	1955—1960 年	1960—1962 年	1962 年之后
二维训练	受包豪斯影响 质感的生成 排列构成 有规则的元素排列 寻求新型质感 营造空间的线 平面上三条线分布与差异化 受扰的秩序 色彩重合习作 以量改变色彩 效果几何形态的规则性 六件元素有规则性的排列 结构几何	数学几何的基本观念和倾向视觉的方法学 几何研究 以精确手法造成不准确性 受周边环境影响的色彩效果 色彩学理论习作 色彩黑明度对比组合 螺旋构造 点接描图法 细节修正练习用最少的光源造出最易辨识的字母	讲求方法的抽象性 操作图式,寻找一个欠缺的图样 随机与刻意的分布用碰运气的方法掷骰子来组合色彩 色彩对比的均衡安排,以面积大小的调整来取得平衡 透明色彩与秩序原理 正反双关的影响 干涉效果	由各系实施的具各系特色的系列课题 几何的习作 几何研究 以精确手法造成不准确性受周边环境影响的色彩效果 色彩学理论习作 色彩黑明度对比组合 螺旋构造 点接描图法 细节修正练习用最少的光源造出最易辨识的字母
三维训练		将球均分 形式交接习作 无法辨别方向的面 形式互相嵌合的可堆叠体空间的完整利用 正弦形成的曲面	结构性的玩具积木 由规则分解再重组之元件组合相互嵌合连接 由规格分割由再重组之元素再组成的晶体	结点 分叉系统的分岔元素 碗状结构 水平的网栅结构
学生作业		金属柜把手 压力式咖啡壶(二年级作业) 眼镜(二年级作业) 钢笔(三年级作业) 双用测量计(二年级作业) 动物积木(三年级作业) 餐具(毕业作品) PVC 软性材质制成的插头 积层木椅 TC100 可叠式餐具组(毕业作品) 多用途电钻(毕业作品) 熨斗(毕业作品) 可拆组的扶手椅 电动推土机(毕业作品)	手表(三年级作业) 牙医诊疗设备(三年级作业) 卫浴空间(三年级作业) 小客车车体设计(二年级作业)	螺丝起子(三年级作业) 拖拉机(毕业作品) 第一部不需结构支撑的塑胶车体(毕业作品) 刀把设计(三年级作业) 加油枪(二年级作业) 压路机(四年级作业) Autonova fam 小汽车 自然研究与抽象化(毕业作品) 街道照明系统(三年级作业) 交通标志牌(二年级作业) 都市公共汽车国际竞赛中头奖作品 以积木系统发展出来的野地交通工具(毕业作品) 公车站设计跨营建、视觉、产品三系的合作项目,获得德国竞赛头奖 干草转向机(毕业作品)

项目	时间			
	1955 年之前	1955—1960 年	1960—1962 年	1962 年之后
教师作品	乌尔姆凳（马克斯·比尔） 乌尔姆床（古格洛特） 乌大门把手（马克斯·比尔） 插头（马克斯·比尔） 学生宿舍和工作室洗脸槽（马克斯·比尔等） G11super 收音机（古格洛特）	厨房钟（马克斯·比尔） 电话总机（马克斯·比尔等） 唱盘式收音机 SK4（古格洛特） 音响主机 Studio1（古格洛特） M125 家具系统（古格洛特） 高保真组合音响系统 缝纫机（古格洛特等） 附外盒的缝纫机（古格洛特等） Tekne3 电子打字机（托马斯·马尔多纳多与埃托·索特萨斯）汉堡地铁（古格洛特等）	Sixtant 电动剃须刀	CarouselS 幻灯机（古格洛特） 资料储存柜系统（托马斯·马尔多纳多等） 塑胶制手提箱（彼得·拉克等） 可堆叠的烟灰缸（西格） B0105 直升机（赫伯特等）

（1）传授一般性的造型基础理论知识。

（2）强化知觉能力的敏锐度。

（3）对造型的基本手法进行尝试与实验（实际练习及与其相关的系统化研究，为新的造型方法发展奠定理论基础）。

基础课程内容：

（1）基本造型理论。以色彩、形状与光作为工作素材（光作为基本的研究对象）。

（2）基本表达练习。用语言与文字作为素材（培养设计师的表达、陈述能力）。

（3）基本技巧。运用不同的材料及工具进行工作（培养设计表达技法）。

（4）针对政治、社会、文化及科学等议题进行讨论、批判与辩论（关心社会、政治，对社会负责是学校的核心思想）。

上课原则：

（1）拒绝先入为主的观念，从功能出发，结合社会影响和文化意义的角度寻求解决方法。

（2）互相评论并辩论，以冲击那些习惯于不顾事实而先入为主的思想。

（3）针对政治、社会、文化及科学等领域的议题进行讨论。

发展过程：

1953 年底开始招生，第一年预科，不分专业，第二年到第四年分专业学习。

起初受包豪斯的影响，1955 年左右，基础课程倾向于研究精确的数学几何的基本观念，并倾向于视觉的方法学。

1956 年底马克斯·比尔离开学校。

马尔多纳多认为学校的两个任务是物质环境和人的行为设计，并宣传乌尔姆造型学院是对技术文明的人文主义掌握，人文主义只能在科学的基础上确立。他指出，艺术设计的任务在于为技术复杂、功能和结构全新的产品寻找与它们内部结构与外部因素相协调的合理形式,这些形式在技术上应该是完善的,在使用上应该是合适的。

1960年左右,探究方法的抽象性课题成了教学重点。

到了1962年,教学重点转变为具有各系特色的基础课程。

1962年10月,为期一年的入门课程开始实施。该课程大约由12个练习组成(选题原则:给予学生足够的造型施展空间;尽可能地刺激学生的想象力和抽象化能力;与营建问题有间接联系;难度逐渐增大)。

1964年,乌尔姆造型学院开始将注意力转向"技术复杂的工业产品上",并形成"产品复杂性理论",该理论基础是控制论和信息论。

5. 乌尔姆造型学院的代表人物和学生

乌大被规划成一所实验型的机构,它对新的课题与理论都持开放的态度。除了25位正式的来自欧洲各国及北美和南美的著名教授和设计师、建筑师作为长聘讲师之外,还有数量庞大的客座讲师(约两百人)。这些讲师让学校的思想碰撞从未中断,并持续有着思想上的交流。如果把这些当时年轻且默默无名的讲师名单列出来,几乎就像当今科学、文学与艺术界的名人录,乌大思想和理念上的多样性可见一斑。

乌大的客座讲师有约瑟夫·阿尔伯斯、弗雷·奥托、卡尔·格斯特纳、拉尔·达伦多夫、汉斯·马格努斯·恩岑斯伯格、马丁·瓦尔泽、Frei Otto等。曾莅临乌大演讲的人还有瓦尔特·格罗皮乌斯、密斯·凡·德·罗、查尔斯·伊姆斯、诺伯特·维纳、巴克敏斯特·富勒、亚历山大·米切利希等。和复杂多元的教师群体一样,从1953年到1968年乌大的学生里一半是来自世界上49个国家的外国留学生。

在此,学校身不由己地陷入许多冲突与矛盾之中。事后看来,没有其他学校的冲突能与乌大

相提并论。梦想与现实之间的设计工作难以两全。乌尔姆论点的维护者坚决要求的不只是将论点加以宣告,也坚决要求加以检核并贯彻。这种概念的多元性必然在这个小校园(也有人说它是个修道院)中,相互激荡碰撞。

6. 乌尔姆造型学院的功绩

(1)继承并发展了包豪斯的办学理念和教学体系,确立了人本主义思想,第一次全面构建了艺术设计与科学技术、工业制造相结合的教学体系,为日后的后技术社会、技术设计教育奠定了基础(该体系直到今天依然是设计教育界里的主要体系之一)。

(2)证实了培养掌握科学知识和工业技术的艺术设计师的可行性,并且为设计广泛介入工业生产开辟了道路(乌尔姆—布劳恩体系的成功为同时代及以至今后的设计院校与企业的合作起到了模范的作用)。

(3)研究艺术设计和科学的联系,强调了技术教育的重要性(从艺术和技术之间摇摆不定的状态转为坚定地走技术之路)。

(4)打破各系间的壁垒,开展跨学科合作,加强各类设计对象间的联系(系统、融贯的思想为现代设计合作指明方向)。

(5)将科学理论引入设计,如控制论、系统论和信息论(为其设计方向、设计教育奠定了坚实的基础,切实把握住时代的脉搏)。

(6)形成了现代的团队合作工作方式(符合工业社会时代的工作方式文化)。

第4节 斯图加特国立造型艺术学院

1. 概述

斯图加特国立造型艺术学院(简称"斯大")位于德国巴登-符腾堡州的斯图加特市,成立至今已有200多年的历史,是德国设计院校的杰

出代表。阿道夫·赫尔策尔是该校早年著名的色彩理论家，包豪斯教师中的伊顿等均曾在斯大师从赫尔策尔，赫尔策尔本人对于色彩的认识以及斯大对于工业设计的见解也得以在斯大和包豪斯间得到交流。作为乌大核心人物之一的古格洛特也数次到斯大进行设计交流。近代斯大的教师群体中，以克劳斯·雷曼教授为首的一群人致力于研究发展工业设计教育基础课题，在继承包豪斯和乌尔姆的设计体系和设计思想的基础上，结合时代发展，形成了全新、体系化的设计教育课题和教学结构，这一成果广泛得到德国其他院校的认可并进行了引进。在我国广为传播的"综合造型设计基础"课程就是 20 世纪 80 年代中期从该校引入的。

2. 教育体系

斯大致力于构建高水平的、面向未来且重视实践的设计教育体系，旨在为毕业生奠定一个坚实的基础，诸如对经济关系的理解、具有现代工艺和材料的知识和对用户负责的意识等。和包豪斯、乌尔姆一样，斯大的课程内容也以基础课程、设计理论和设计实践为核心。斯大认为基础教学要注重两点：首先是实验与研究，这关系到理论运用的目的与方向的问题；其次是实践型教学，通过教学实践使学生能熟练掌握造型学意义上的知识、技能与方法。前者是后者的坚实基础，而正是这个认识决定了斯大课程设置的特殊性。工业设计基础教学中的主要矛盾是传统的基础教学难以有效地搭建起通往设计实践的桥梁。显然，能够切实解决这个矛盾对于学生和企业来讲都是大有裨益的。

鉴于此，斯大提出了一种全新的设计实践和设计基础的关系理念。区别于以往的先打基础，后进行设计实践的体系，斯大认为基础与实践之间没有非常明确的划分，应当是互相促进、相互融合的关系，而学习设计基础最好的方法就是在基础教学中进行设计实践的课题训练，通过归

纳、抽象的实践课题进行能力、方法和素质基础的训练。这也是整个设计学院的宗旨——"实践出真知"。因此，斯大基础课程的课题编排也不同于以往的其他学校，体现了他们对于基础与实践的关系的理解（图 2-24），即基础与专业并行于整个四年教学过程中，相得益彰。

图 2-24　斯大教学体系特点

斯大认为基础教学目的在于培养学生全面、敏锐、深入、透彻的观察能力，分析造型原理，并归纳其抽象化、规范化的特点，使之能转化为现实化和形象化的应用。在造型设计过程中，让学生理解造型的同时，把学生们从传统的思维模式中解放出来，向他们提供有关这方面的方法性和实干性的知识，这是教学的宗旨。为此，斯大的教师群体历经数十年，不仅提出了与以往对于设计基础和设计实践关系不同的课程结构，还发展出一套完备的工业设计基础教育课程体系，并根据他们对工业设计知识结构的理解对学生进行传授。这套课题体系几乎涵盖了所有工业设计产品在设计中所面临的各种方法，如调研方法、材料、工艺、结构、生产流程、设计程序、语义寓意的人文意义等诸多问题。而这种新的课程体系将基础课程与专业设计内容有机顺畅地衔接，确保学生学到的知识用于实践。仅从形式上启发学生创造方法，脱离功能、材料、构造、工艺的训练是与工业设计宗旨背道而驰的。因此，教师应从思维、观念、材料、构造、工艺及视觉认知等多个维度，由小到大，由浅入深，由简单到复杂，由整体到局部再回到整体，进行有目

的、有步骤地训练。这些训练课题从设计本质出发，旨在开发学生的创造力，帮助他们抛开形式框框的束缚。它既是正确设计思维的引导过程，也是材料构造的认识过程；既是对工业化大生产的认识过程，也是工艺技术能力训练的过程（即造型与材料、结构、工艺结合过程的设计实践）。

3. 基础教育课程

（1）斯大的基础教育课题

斯大的基础课程通常采用案例的方法，对一个班（15人左右，高低年级学生混编）进行布置。教师首先进行课题目的描述，然后学生独立对课题进行研究并完成课题。在这个过程中，教师组织学生交流研讨、互评，最后进行观摩、展览和答辩、讲评、总结。

（2）设计基础题目

① 相同单元组成稳定的正多面体的练习——在理解材料、工艺、结构和标准化的基础上的造型训练（图2-25）。

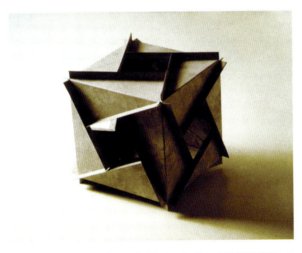

图2-25 稳定的正多面体训练（雷曼教授提供）

② 方到圆的过渡连接——形态过渡的训练。

③ 孔的排列、通风形式的练习——孔、洞的阵列训练。

④ 不同形体过渡的感觉把握练习——形态演变"度"的训练（图2-26）。

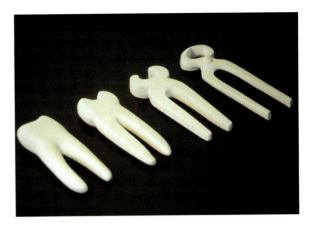

图2-26 形态演变"度"的训练（雷曼教授提供）

⑤ 对符号的感觉把握和形体的统一性训练——形态语意的训练（图2-27）。

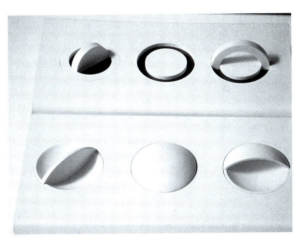

图2-27 形态语意和统一性训练（雷曼教授提供）

⑥ 将名人作品（建筑、绘画、雕塑）风格特征用一块砖的形式表达出来——形态象征寓意训练。

⑦ 认识材料力学性能——材料与结构认识。

⑧ 乒乓球包装结构设计——综合性和创造性训练。

⑨ 应用真空吸塑工艺成型工艺，创造形体——新工艺、新材料的探索。

⑩ 设计一种机构，以重物作为动力，表达一种惊喜、运动感——传动结构训练。

⑪ 关于功能，材料及空间的练习——"可折叠物品"结构和叙事训练。

⑫ 将一个立方体打开可以给人一个惊喜——

结构和情感训练。

（3）与之衔接的设计实践题目

① 刀锯的设计。

② 手电钻的改进设计。

③ 眼镜设计。

④ 儿童玩具设计。

⑤ 作品展示设计。

⑥ 生态设计（图2-28、图2-29）。

图2-28　最早的平衡灯具

图2-29　雪橇

从斯大上述的设计基础课题和设计实践课题可以看到，通过反复强调设计目的和设计定位来贯穿课题组织是一个重要原则。经过数个训练之后，学生对于设计目的、设计方法、设计定位和设计程序都有了明确的认识，同时设计基础知识和技巧也得到了充分的训练，还掌握了探索、研究和扩展知识的能力。

（4）斯大的课题特点

斯大课题在整体编排上注重以下几个方面：

① 整个基础教育注重全面而又有侧重，即课题训练内容涵盖整个产品设计中设计师在工业设计过程中可能遇到的几乎所有问题，而又将问题有侧重地在课题中反映出来。

② 注重单个课题的整体性，即在课题中强调设计过程的完整与连续性，强调基础训练内容要服从设计本身的系统，而不是割裂开来。

③ 强调问题的解决，试图通过课题启发学生认识问题、分析问题、解决问题的方法，因为设计人工物是解决具体的问题为目的的。

④ 通过案例让学生积累设计实践的经验，无论是使用演绎法还是运用归纳法，都让学生在快乐地解决案例中去体验、沉淀，并且鼓励他们不墨守成规。

⑤ 通过案例实践，学生的设计能力和评价、判断能力都得到了锻炼。

同包豪斯、乌大不一样，斯大要求入学申请者至少拥有9个月的工厂实习的经历。因此，可以说进入斯大的学生对于工业加工制造的基本认识已经在其入校之前得以建立。学校在基础教育训练方面的侧重也就与以往学校有所不同，更加强调通过实例演练对工业设计程序和方法进行锤炼。

4. 成就

与包豪斯、乌大相比，斯大在设计教育最突出的贡献有以下四点。

（1）并行交融的专业基础课程和专业设计实践课程体系。将设计的基础教育与设计实践的结构关系由传统的金字塔结构转变为连续的平行结构，使基础教育更有的放矢，让学生更加清楚基础教育内容的精髓所在；同时，通过专业实践的体会，能更深刻地领会造型基础的含义，使基础学习更有效。

（2）一套完备的工业设计基础教育课题。该套课题涵盖了几乎所有工业设计产品在设计过程中所面临的观念、方法、程序、材料、工艺、生产、设计、语义等诸多问题，该套课题也符合斯大本身的"基础—实践"并行授课的体系。单个课题间的内容是平行关系，难度则呈梯度上升，越发贴近实际的产品开发过程。

（3）强调造型与目的、材料、工艺、结构、原理的关系是无法割离的，并通过基础课题反复检验并实践这一设计思想。

（4）聚焦目标的授课组织方式。以课题目标为中心，使整个教学组织、教学过程和设计过程都服从于目标。

可以看到，上述院校设计教育的成功之处在于：

（1）切实把握住时代对于设计的要求，并按照需求进行各种资源的组合和配置。

（2）通过各种思想的不断引入，保证学校设计思想和理念的前瞻性，并通过不断碰撞得到持续的修正和调整。

（3）对于科研的重视和巨大投入，保证了设计教育和设计实践有据可依，规避了设计中存在的风险，同时又通过设计实践检验设计理论、方法和科研成果的正确性。

（4）认识到工业设计是聚焦需求与现实之间的"问题"的、以大生产为条件的应用学科。因此，在设计教育中，工业化生产方面的工艺、材料、结构、程序等方面的知识传授，最新的科学技术理解和应用以及社会需求的研究成为培养工业设计人才的三个最重要任务。

第5节 清华大学美术学院

1. 概述

清华大学美术学院，前身为1956年成立的中央工艺美术学院，是新中国第一所高等设计学府。其成立的时代背景主要有三个方面：其一是历史基础。20世纪上半叶的工艺美术教育与实践，为新中国工艺美术事业的发展奠定了基础。其二是时代需求。中华人民共和国成立之初，国家在政治、经济、文化建设领域对工艺美术设计人才的迫切需求，成为中央工艺美术学院的筹建背景。其三是志同道合的创建者。一批早年就怀有"美育救国"理想的有识之士在1952年全国高校院系调整时，南北组合，志同道合地成为学院的创建者。作为新中国第一所高等设计学府，学院秉持为人民衣食住行服务的宗旨，开创并书写了中国现代艺术设计教育史的重要篇章，成为多元艺术创新的先锋力量，是中国百年艺术与设计事业发展的重要组成部分。

1999年11月，中央工艺美术学院并入清华大学，更名为清华大学美术学院，开启了在综合性大学中发展的新格局。2021年4月19日，习近平总书记考察清华大学并发表重要讲话。总书记首站来到美术学院，参观了"实种实褒，实颖实栗"校庆特别展。总书记指出："美术、艺术、科学、技术相辅相成、相互促进、相得益彰。"

学院以"艺科融合"为重要发展理念和教育特色，助力国家形象塑造，参与国家重大艺术工程，致力于服务国家文化发展和城乡经济建设，服务人民群众的高品质生活需求，取得了显著的成果。

学院积极构建具有世界水准、中国特色的艺术设计人才培养体系，培育具备"全球胜任力"、具有"德厚艺精、博学求新"特点的一流创新型人才，并开展跨学科人才培养的创新探索，推动文化传承与创新，加强国际交流与合作。

目前，学院设有10个专业系（染织服装艺术设计系、陶瓷艺术设计系、视觉传达设计系、环境艺术设计系、工业设计系、工艺美术系、信息艺术设计系、绘画系、雕塑系、艺术史论系）和1个基础教研室。设有20余个本科专业方向，具有艺术学理论、美术学、设计学三个一级学科博士学位授予权，并设有博士后科研流动站。

新时代，学院将充分发挥清华大学综合学科平台优势，进一步加强"艺科融合"的特色，促进更广领域、更深层次的学科交叉与融合；探索设计学的中国特色道路，成为国家形象的塑造者、美好生活的创造者、优秀文化的传承者、艺科融合的引领者、创新人才的培养者，为创建世界一流的美术学院而不懈努力。

2. 教育体系

清华大学美术学院致力于培养德厚艺精、博学求新的"高素质、高层次、复合型、创新性"优秀艺术人才。具体培养要求包括：第一，德智体美全面发展，具有全面的艺术素质和复合型知识，较宽厚的人文社会科学基础，系统掌握设计和美术学科的基本理论、基本知识和基本技能，具有创新精神和创新能力；第二，适应当代社会发展需求的各类设计与美术领域的工作需要；第三，具有一定的研究能力，能继续攻读同领域硕士、博士学位。

在对国内、外同类院校教学体系进行重点调研的基础上，根据社会对艺术与设计人才的需求，结合美术学院的总体教改思路和学科发展规划等方面的要求提出了教学体系总体思路：

（1）理顺学科关系，建立以艺术设计学科为基础的教学体系结构。自20世纪90年代初起，学院共实行了长达10年的两年制基础部教学制度。其打破学科界限、拓宽学生知识面的想法具有进步意义，但是由于未能认真研究什么是工艺美院各专业的基础，以及基础课程与专业课程如何衔接等问题，使得基础部的课程在一定程度上成了万金油式的基础教育且与后两年专业系的教学体系脱节。后来，虽然在基础部采取了按专业特点分学群设课、由专业系负责第三学期（二年级下学期）课程安排等改进措施，但是未能根本改变课程体系割裂的局面。

（2）信息技术的进步给工业设计带来新的应用领域，为了积极拓宽专业方向，设计教育也应该及时地根据社会形态的变化和科技的发展拓宽专业领域。在学院总体学科布局的指导下，与学院其他相关专业和清华大学相关学科单位合作建立信息设计专业，培养横跨工业设计、传播学、数字媒体等学科的设计人才。现正在以科研课题的形式进行前期研究，计划在成熟后即开始招生。结合我国国情逐步构建自己的教学体系，采取"请进来、走出去"的方式培养高水平的师资队伍。

（3）革新授课方式、提高教学效率。根据课程特点，采取单元制、交叉制、导师咨询制和提供课程平台等多种方式并存的综合授课方式。调整后的教学计划将保证每周有一天没有专业课，学生可以用来完成作业、外出调研、参加社会实践、参观展览等课外活动。改为交叉授课制后，对教学计划的完备程度、教学过程的组织水平提出更高的要求，这是我系下一步教学管理工作的重点。

（4）根据学分制与弹性学制的需要建立开放灵活的体系化课程结构。学分制和弹性学制是国际高等教育早已实行的方式，近年来国内一些院校也在试行。学分制与弹性学制在增加学生自主选课权、自主调配学习时间方面具有明显优势，是高等教育适应目前迅速多变的外部社会的有效措施。

3. 课程训练体系

本节将以"综合造型设计基础"课程的训练体系为例，具体分析课程的教学规划与实施路径。

"综合造型设计基础"课程以高等教育发展的新需求、新变化、新阶段、新特征为依据，以围绕"基础扎实、知识面宽、能力强、素质高"的人才培养总体要求为基准，本着立德树人的原则，培养具有国际化视野、国际化观念；具有较高人文素质、科技素养，基础扎实、实践能力强、协同意识好的，能适应数字化时代及未来社会发展需求的；能在相关企业、部门或院校及相关领域从事专业设计、教学研究、实践应用的专业设计人才。

其中，本科"综合造型设计基础（一）"课程属于艺术设计的范畴，对交通工具设计、产品设计等专业有非常重要的意义，并可拓展到更广泛相关专业方向。首先，"造型基础"是整个设计学科的立足点，是基础的"基础"。其次，"造型基础"是整合形态基础、机能原理、材料基础、结构基础、工艺基础等课程知识与专业设计课程的有效途径。另外，"设计基础"还是"钥匙"课程，它是设计思维方法训练的起点；是发现、分析、判断、解决问题能力训练的过程；是专业设计程序与方法训练的预习；是掌握系统论的素质准备；是理解"工业化"概念的实践；是培养"知识结构调整"想象力的着陆点；是运用创造力，对"工业化"进行可持续性"调整"的实验。

本科"综合造型设计基础（一）"课程的教学目的与重点：

（1）初步了解形态基础、构造原理、材料应用、工艺技术以及造型规律和造型方法的研究。

（2）强调设计思维程序的应用（现象与表象、概念与本质、联想与创造）。

（3）训练学生的观察、分析、归纳形态的能力，在这个过程中掌握造型规律和造型方法。

（4）在了解形态基础、构造原理、材料应用和工艺技术的同时，善于分析、组织和运用已掌握的知识。循序渐进地完成不同目的、不同阶段、不同过程要求的形态练习课题。

本科"综合造型设计基础（一）"课程的考核方式及成绩评定标准（采用百分制标准）：

（1）完成了作业的基本要求（50分）；

（2）作品具有创新性（20分）；

（3）作品考虑到了材料的特性和加工的工艺性（20分）；

（4）造型完整，制作精细（10分）。

本科"综合造型设计基础（一）"课程的主要教学内容包括：

总论。具体知识内容包括造型基础的基本概念、造型基础的目的、造型基础的基本内容、造型基础与专业设计的关系以及造型基础的发展方向。

师法自然。具体知识内容包括研究自然形态的目的和意义、学会观察自然形态、深入分析自然形态以及掌握归纳自然形态成型规律的方法。

人类智慧的结晶。具体知识内容包括研究人工形态的目的和意义，观察人工形态的方法及要点，深入剖析研究对象、人工形态的成型规律。

形态。形的分类及要素、抽象形态与具象形态、立体与空间、形态与运动、形态的错视以及形态的语义。

本科"综合造型设计基础（一）"课程具体训练课题：形的仿生、形的连接、形的过渡、形的统一、形的语义、纸板鞋以及奇妙的立方体。

本科"综合造型设计基础（二）"课程的教学目的与重点：

（1）深入理解形态的客观因素（构造、材料及工艺）与主观因素（情感、文化、习俗）之间的关系，并在实践中不断加以体会、修正。

（2）进一步提高学生观察、分析、归纳形态的能力，并使之学会设计思维在造型中的灵活运用（因势利导、因材施用、由表及里、由此及彼、举一反三）。

（3）在强调对形态、构造、材料和工艺的综合应用的同时，也要注重学生对知识的积累与融会贯通，学会在实践中总结理论，再用理论去指导实践，其目的是为将来的专业学习奠定良好的基础。

本科"综合造型设计基础（二）"课程的考核方式及成绩评定标准：

（1）完成了作业的基本要求（50分）；

（2）作品具有创新性（20分）；

（3）作品考虑到了材料的特性和加工的工艺性（20分）；

（4）造型完整，制作精细（10分）。

本科"综合造型设计基础（二）"课程的主要教学内容包括：

材料。具体知识内容包括材料的种类与材性、材料的材形以及合理用材。

结构。具体知识内容包括材料与结构、材料与节点以及结构与构型。

加工工艺。具体知识内容包括加工工艺的种类、工艺性以及选择合理的加工工艺。

设计思维。具体知识内容包括基于观察、重在分析、精于归纳、善于联想以及意在创造。

本科"综合造型设计基础（二）"课程的具体训练课题包括形的支撑、形的寓意、形的风格、稳定的正多面体、鸡蛋包装以及鸟巢设计。

《综合造型设计基础》（第二版）这本课程教材以两门课程的讲授内容、训练课题以及学生作业为基础材料整理而成，适用于所有艺术设计专业和非艺术专业师生，思维培养和能力训练。

设计思维实际上是围绕着造型过程中所产生的"问题"来展开的。所谓"问题"是指当造型各要素交织在一起时，所产生的关系或矛盾。好的造型一定是"问题"的良好协调统一体。"问题"往往是通过现象表现出来的，例如：形态缺乏美感，通常是由于形态各要素不符合美学的形式法则，即型性与型形、构型与构性、材型与材性的矛盾等所致；表面粗糙是由于材料和工艺没有协调好而造成的，即材性、材型与工艺性、工艺型的矛盾所致；形态受力时不稳定，常常是由于结构与形态或材料不合理而导致，即型性与型形、构型与构性、材型与材性的矛盾等。问题展开的方法通常是通过观察问题—分析问题—解决问题的模式来构建的，每一个环节都有其目标和相应的方法，而环节与环节之间又是渐进的、循环的，其最终的目标就是要完美地解决问题，积累实践经验，总结造型的规律。

第1节　设计思维的程序

1. 基于观察

观察是设计思维的第一步，不会观察就无法进行"思维"，因为你连"问题"都发现不了，那又将"思维"什么呢？这就好比一名技术娴熟的枪手，却不知道自己需要瞄准的对象在哪里一样。观察是我们发现问题、收集信息的过程。常言道"内行看门道，外行看热闹"，观察这一过程看似简单，其实不然，因为你要想真正"看"出点"门道"，首先就必须成为一个"内行"，即要先具备必备的知识和经验。

（1）忠实于对象

我们不管观察什么都需要首先忠实于对象，不能想当然地进行猜测、臆断。只有深入、仔细和全面地去观察对象，才有可能发现其问题。大家都有这样的经验，在购买商品时，往往都喜欢先仔细、全面地检查一番，然后还需要在现场试一试或操作一下，通过此番过程，我们就能够比较全面地了解其性能、发现其问题。忠实于对象正是为了强调我们在观察对象时必需面对面地进行，这样我们才有可能获得比较确切的信息。

（2）由表及里、去粗取精

现实形态的"问题（矛盾）"往往不是直接呈现出来的，它们总是隐藏在形态的内部，只有逐步地揭开其神秘"外衣"，我们才会发现其"问题"。这些"外衣"通常会迷惑和阻碍我们去寻找"问题"。因此，如果我们不能采取由表及里、去粗取精的办法去观察对象，就难于发现它们的"问题"所在。

观察对象要善于发现问题，捕捉住要点。在观察过程中，我们需要获得的是清晰、整合的信息，而不是模糊、零散的表象。

因此，观察形态绝不是"看看"而已，而是要借助一些必要的经验。譬如：有经验的瓜农在西瓜地里走一走，就能很快地指出哪个是熟的哪个是生的。这是因为熟瓜和生瓜的外观形态、色泽效果、花纹形状等信息早已储存在其脑海中。因而瓜农站在西瓜地里，只需凭借其经验就能轻松应对。而对于一些缺乏实际经验的人来说，这却是件非常困难的事，面对茫茫的瓜地，他们也只好望"瓜"兴叹了。

（3）掌握观察的方法

在观察对象的时候，一定要掌握正确的观察方法，否则，我们很难真实、准确地观察到对象的实质性特征。用科学、正确的方法去观察对象，是我们研究自然形态的先决条件（图3-1）。

图3-1 形态现象的发现与提取

全面观察法

我们在观察对象时，不应该只关注对象的局部、现状和外部特征，而更要注重对象的整体、发展和内部特征。也就是说，我们在观察对象时，既要放大了看（局部），又要站高了看（整体）；既要静止地看（现状），又要运动地看（发展）；既要从外部看（外部特征），又要向内部看（内部特征）；既要分开来看（部件），又要联系地看（系统）。

从图中我们可以观察到树的形态是由树根、树干、树枝、树叶等系统构成，而该系统则又受

其内部材质的制约。不同的树其材质自然不会相同，而相同的树由于其部位不同，其材质的构造也会有一些差异。树除了受其内在因素（树种）的影响，同时还受环境、气候、时间、土质等诸多外部因素的影响。因此，在观察一棵树的形态时，我们必须做到全面、系统、准确。如此而为之，我们才有可能观察到它的真实形态特征（图3-2）。

比较观察法

孤立地去观察对象往往不易看清其本来面目，而通过比较的方法去观察，却往往会收到意想不到的效果。我们通常可以采用局部与局部比较去观察；整体与局部比较去观察；个体与同类比较去观察；不同阶段比较去观察；不同材质比较去观察；不同形状比较去观察；等等。这样我们既能发现它们的相似处，又能观察到他们的不同点（图3-3）。

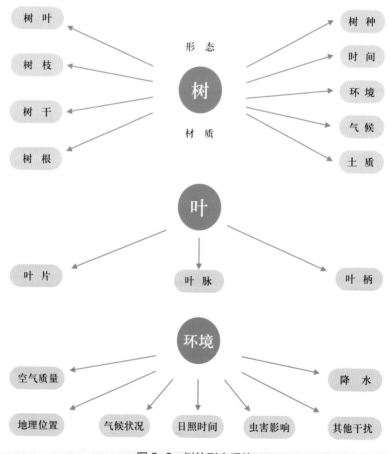

图3-2 树的形态系统

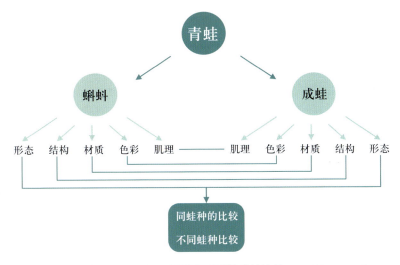

图 3-3　同种及不同蛙种的比较

精确观察法

由于人的观察能力有限，对自然形态的深入、精确的观察往往显得力不从心。因此，我们常常需要借助一些仪器才能完成这一工作。例如：夜间需要借助红外摄影仪来观察；动植物的组织构造需要解剖后借助显微镜来完成；运动的自然形态需要借助高速摄像机来观察……这样，仪器的介入，使得我们所观察的对象能够更为全面、精确。

联系观察法

有时，由于受周围客观条件的限制，我们无法系统、完整地观察到真实的对象，而只能收集到一些零散的信息。这样，我们就不得不将这些能够搜集到的信息拼凑起来，然后把它们相关的部分联系起来进行观察，同时加以归纳和整理，使之最终能构成一个全面、完整且能完全忠实于原型的"形态模型"。不过，这种观察方法容易出现一些误差。因此，一旦有条件，就应该将其结果与实际对象进行比较。

归纳观察法

（1）目的要明确：从"俗称"到本质——"形而上"的"抽象"。

（2）忠实于对象：感官体验＋思考反馈（用各种视角、方法和咨询）。

（3）扩延、比较：搜寻同类目的之"物"进行比较——"形而下"。

（4）由表及里、去粗取精：从整体到局部再回到整体—细节与目的一致。

2. 重在分析

（1）透过现象挖掘本质

分析问题是设计思维的深化过程。在通过观察所获得的信息基础上，经过深入、仔细地分析，可以透过现象来发现其本质特征。例如：当三峡大坝正式启用后，水位迅速提高到 135 m，原本水流湍急、桀骜不驯的长江从此一下子变得温顺了起来（观察到的现象）。通过对这现象的深入分析我们就会发现，导致这一现象的原因是改变了长江三峡水位的落差，从而使江水的动能减弱，流速大大降低。再如：以上的例子正好是一对相对应的事例。通过分析我们发现，为了耐旱，仙人掌的叶片演变成了针状，以减少在呼吸过程中水分的流失。仙人掌的身体全部被厚实、紧密的表皮包裹着，其功能也是为了防止水分的蒸发。而莲则完全相反，它为了增强其呼吸作用，尽可能地扩大了叶片的面积，并通过内部极其畅通的筛管，迅速有效地进行着水下气体的交换工作（呼吸作用）。此外，莲的叶片表面拥有数以万计的细小绒毛结构，因而可以阻挡多余的水分进入植物体内。这便是通过分析两种植物的典型习性来挖掘其形态本质特征的过程（图 3-4）。

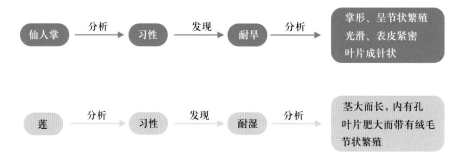

图 3-4　仙人掌及莲的分析比较案例

透过现象看本质，可以帮助我们有效地去把握形态的规律，抓住事物的主要矛盾。这也是设计思维的关键点之一。例如：我们观察人工形态时所看到的材料、形态、连接和加工方法只是表面现象，通过分析我们才能发现，其本质特征应该是材性、材形、构性和工艺性（图 3-5）。

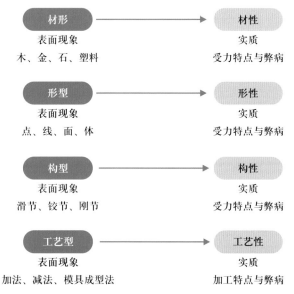

图 3-5　材料、形态、连接和加工方法及其本质

（2）分析问题，寻找症结

发现问题并不是目的，而是要通过分析问题，找出其症结。例如：在铺设木地板时，如果让其与四周的墙壁保持严丝合缝，不久就会发现地板发生"隆起"现象，而再过一段时间则又变得平缓，这是木材的亲水性造成的。季节的干、湿度变化影响，当空气的湿度较大时，木材吸收空气中的水分而膨胀，导致木地板隆起；而气候干燥时，木材中的水分又会丧失，因而又会收缩，

木板则又变得平缓。解决这一矛盾的方法很简单，只要在木地板靠墙的地方预留一定宽度的"伸缩缝"，就能轻易地将其解决。当然，分析问题并不都如此简单，有时候要经过反反复复地比较和琢磨，甚至需要将其拆开、解剖或放大了进行分析，只有这样才有可能找到问题的真正的症结。

"分析"意在将"整体"的组成的成分按原理、材料、结构、工艺、技术、工艺、形式等不同角度来观察。

通常我们只将"物"本身去"分"开再归"类"，往往忽略了"物"之所以存在的"目的"，即"物"为何不被"自然"淘汰（或被特定"人"在特定社会时代、环境等条件下所接受）。被"观察"的信息应强调其存在的"外部因素"，"分析"也必须将这些"外部因素"作为"分类"的范畴。

"分"不是目的，"分"是为了认识"物"与所存在"外部因素"的关系和"物"的"内部因素"之间的关系，以便掌握"物"的本质和不同"物"之间"共性"，从而"析"出每一"物"的"个性"和其"个性"存在的依据。

所以在这个意义下的"分析"既可使"观察"全面、细致又使"观察"系统、深入，在"比较"中真正理解"物"的本质和存在规律。这不仅有利于"观察"，更对下一阶段的"归纳、联想"打下坚实的基础。

① 寻找"物"存在的外因——人、环境、时间、条件等的制约。

② 析出"物"的内因与外因的逻辑"关系"——寻找现象的依据。

③ 比较相似"物"的内、外因的关系——透析共性基础上的个性。

3. 精于归纳

尽管分析问题十分重要，但设计思维的最终目标是要解决问题。所谓解决问题，是指提出和实施问题的具体解决方案，从个性形态中归纳和总结出共性的造型规律。解决问题也是设计思维的实施阶段。在这一阶段往往需要我们根据所分析的结果，采取相应的对策，如更换造型的材料、完善造型的结构、弥补加工的缺陷、协调部件的关系等。

以我们前面所列举的木地板为例，当我们分析出木地板隆起是木板中所含的水分（含水率）的变化所致后，我们便可以依此采取一些相应的措施和对策，如控制环境的温度和湿度，即使房间的温度和湿度保持相对恒定；将木地板烘干后，再用石蜡、硬脂酸、硫黄等物浸渍，以阻碍水分的渗入；预留伸缩缝，并将木地板垫高、悬空，以便木材中的水分能即时得到挥发。前两种操作较烦琐，成本较高；而后一种比较容易，成本较低，因此它便成了应对木地板变形的主要措施和方法。

"归纳"还在于将具体而繁杂的问题进行分类、整合和提炼加工。从中寻找出造型的必然规律。"归纳"可以使我们认识问题的能力进一步地提高。如果说"分析"是为了由表及里、去粗取精，而"归纳"则是由此及彼、去伪存真。例如：经过归纳和总结后我们所得出的规律应该是具有普遍意义的，如整个鸟类的成型规律（表 3-1）。这些规律不仅对研究鸟类的形态具有指导作用，而且还对创造人工形态具有很好的借鉴作用（图 3-6）。

表 3-1　归纳和总结鸟类案例表

名称	生活习性	生活环境	形态特征	成型规律
秃鹰	穴居悬崖峭壁，喜好在空旷地带活动，肉食	高山、草原、森林，气候凉爽	体大，翼展极宽，嘴短而锋利，带钩状，足短粗，爪锋利	翼宽便于快速飞行和高空滑翔；嘴和爪锋利而有力，便于抓捕和撕咬猎物
灰鹤	巢居沼泽，候鸟，好食鱼虾、昆虫，能远翔	沼泽地，湖泊岸边，气候凉爽	体大，翼展很宽；嘴尖而长，脖子和足细长	翼宽便于远程飞行；嘴尖而长便于快速、准确地捕食，长脖能使头部灵活，方便觅食
野鸭	巢居水边，好食鱼虾、蠕虫、贝类，善游泳	江河、湖泊、沼泽，气候凉爽	体小，翼展窄，嘴扁长，足短，脚有蹼	翼展较窄，相对体重大，不宜远翔。扁嘴易夹住食物、撬开贝壳，足蹼利于划水
鹦鹉	巢居树上，好食坚果，喜欢湿热	热带森林，气候湿热	体小，翼展窄，嘴宽而有弯钩，足短	翼展窄，相对体重大，不宜远翔。弯尖嘴易于凿食坚果，短足易于树上稳定
鸽子	巢居树上或屋檐下，好食昆虫、谷类，善远翔	森林、旷野，气候温和	体小，翼展窄，嘴短而尖，足细而短。骨骼中空	翼展较窄，相对体重轻，宜远翔。尖嘴易于取食，细短足利于在树枝上停留
企鹅	群居岸边，极耐寒，好食鱼虾，善游泳	海洋、海岸、岛屿，气候寒冷	体小无羽毛，翼短小，嘴尖，足短粗，脚有蹼	翼极小，且无羽毛，不能飞翔。尖嘴易于捕食，足短而有宽蹼宜站立，极善游泳
鸵鸟	巢居灌木丛，耐热，好食谷物，善奔跑	平原、沙漠、灌木丛，气候干热	体大，翼展较小，嘴扁，脖子细长，腿壮脚有粗趾厚蹼	翼展较窄，体重大，有弱滑翔功能，不能飞翔。腿壮而有粗趾厚蹼宜奔跑，长脖使头部取食灵活

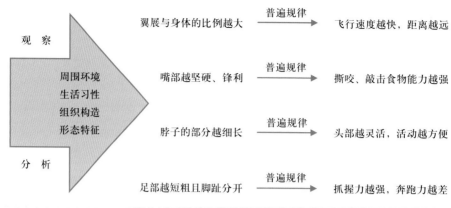

图 3-6　归纳和总结的鸟类成型规律

（1）同类形态的归纳方法

同类形态的归纳方法也可称之为纵向比较法。纵向比较法是指，在某个层面上对同类形态进行比较的方法。在纵向比较法中，各形态之间共性的成分比较大，而个性的差别较小，因而针对性也相对较强。在研究个体形态时，我们往往能够发现和分析出许多与其成型有关的规律，而在这些规律中，既有与同类形态相关的共性规律，也有与同类形态无关的个性规律。个性规律由于其针对性较强，因此对同类自然形态的成型不具有指导意义。那么，我们在归纳和总结同类形态的成型规律时，就必须抛弃那些个性规律，而保留那些对同类形态具有普遍意义的共性规律（图 3-7）。

（2）非同类形态的归纳法

非同类形态的归纳法也可称之为横向归纳法。横向归纳法实际上是指从某个层面上对非同类的形态进行的横向比较的方法。我们在做横向归纳的过程中，一定要从非同类形态里寻找相同的层面，例如：非同类动物的尾巴、非同类昆虫的肢体、非同类植物的叶片等。只有找到了它们的相同层面才能有效地进行比较，否则，我们将无法进行比较，或者比较后不能得出有意义的结果。

与纵向归纳法相比，横向归纳法难度更大，更不易掌握。这是因为我们所面对的对象是大部分不同而小部分相同的非同类形态，它们不仅难以比较，而且更难于归纳和总结。尽管如此，横向比较法却又是非常重要的归纳方法，这更需要我们具备抽象分析方法，提炼不同类形态在相同外部因素的制约下所展现的相似的形态规律。这种"同类项归并"的抽象思维方法将对我们今后的学习具有很重要的意义，为此我们必须学会掌握这种方法。因此，在归纳非类内形态的成型规律时，我们应该通过仔细地分析，及时、敏锐地发现不同形态在某种生存的外部因素上的相同点，并以此为依据，全面、准确地归纳和总结出形态的成型规律（图 3-8）。

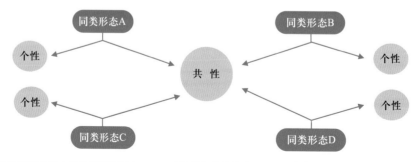

图 3-7　同类自然形态成型规律归纳模型

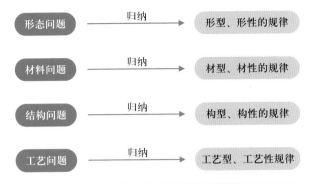

图 3-8　造型要素的横向归纳法

无论是横向比较法还是纵向比较法，都是为了更好地归纳和总结出自然形态的成型规律，从而为进一步的人工形态的创造提供更多的依据和帮助（图 3-9）。

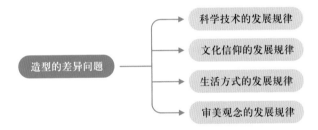

图 3-9　造型的差异问题

尽管"分析"问题十分重要，但设计的核心在于"解决"问题。"分析阶段"是为了"析出"问题的"本质"，从而"归纳"出"实事求是"的"设计定位"以便解决问题。所谓"解决问题"，是指提出"定位"有可能实施解决。

"归纳"的作用还在于将具体而繁杂的问题进行分类，以析出"关系"，明确"目的"，为"重新整合关系"提供依据。

"归纳"可以进一步提高我们认识问题的能力。如果说"分析"是为了由表及里、去粗取精，而"归纳"则是"去伪存真"，为"由此及彼"奠定基础。

（1）将目的与外因的关系归纳出实现目的的前提——"子目的"。

（2）理顺"目的"与"子目的"结构关系——形成"目标系统"。

（3）理解"目标系统"是"实事求是"的"设计定位"——"评价体系"。

4. 善于联想

如果把"归纳"称之为设计思维的"收缩阶段"，那么"联想"则应称之为设计思维的"发散阶段"。通过"归纳"而总结出来的规律不是为了要将其束之高阁，而是需要它来指导我们的实践活动。借助于"联想"我们可以由此及彼、由点及面，从而使我们的思维得到"发散"。联想也是创造的准备阶段，在这个阶段并不需要刻意去追求所想象对象的合理性，而要强调的是思维能沿着不同类别抽象的归纳方向演化，使之具有发散性和新颖性（图 3-10）。例如：

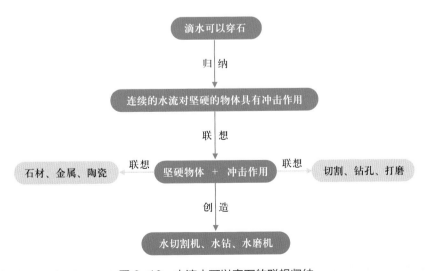

图 3-10　由滴水可以穿石的联想归纳

（1）由此及彼

"由此及彼"是最基本的联想方式。实际上，它是一种横向的思维方式，也就是说它是通过对一事物的相关事物展开横向或纵向的联想，而使其获得内容类别的丰富或数量的扩充。我们的生活中常遇到的"触景生情""爱屋及乌"现象其实就是该联想方式的代表。

"由此及彼"的联想方法虽然简单，但却十分有效。在"综合造型设计基础"课程中，我们常常借助形态的渐变或过渡来实现从一个形态向另一个形态的转换，例如：从鸡蛋到鸡蛋盅、从牙齿到拔牙的钳子、从鱼到鱼鹰、从火焰到灯泡等，这些都为"联想"提供了很好的思路（图3-11）。

（2）由点到面

"由点到面"是一种成扇形的联想方式，因此其"发散"的范围也将更为宽广。与线性的联想方式相比，该联想方式显然要复杂得多，这是因为"由点到面"不仅在联想的数量上要有所增加，而且在联想的深度和广度上也必须有所突破。

从设计思维的角度来看，尽管线性的联想方式很简便、实用，但在联想的深度和广度上却存在着十分明显的欠缺。因此，"由点到面"的联想方式更应该被"设计思维"所推崇（图3-12）。

（3）由抽象的概念到具体的形态

抽象的概念往往只能意会却难以表达，而设计思维却恰恰需要解决此类问题。造型是设计的最主要表现形式，因此，用具体的形态去表达抽象的概念，也正是"综合造型设计基础"课程的主要培训目标。

尽管从抽象的概念去想象具体的形态是一个较复杂的过程，但通过这个过程训练，我们却能实实在在地掌握一套造型的思维方法，这将必然会为今后的创造工作奠定良好的基础。

"联想"并不是无目的、无边际、低效率的乱发散，而是在"观察、分析、归纳"阶段中强调"外因"基础上、以"物"赖以存在的"自然和人为自然"的"关系"限制下，以形成一个"超以象外，得其圜中"的语境，能理解不相干的"物"在不同的分类角度中会有相同或相似的本质、目的，就能"举一反三"地领会"风马牛效应"的"莫名其妙"（图3-13）。

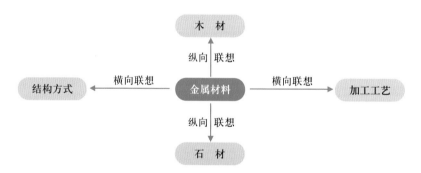

图3-11 金属材料的由此及彼的联想分析

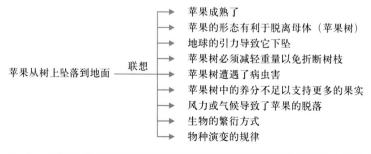

图3-12 苹果从树上坠落到地面上"由点及面"联想

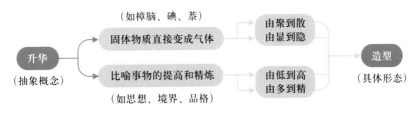

图3-13 由抽象的概念到具体的形态

① 根据"目的"和"子目的"的"定位"搜寻相对应的"其他物"。

② 研究"其他物"的原理、材料、结构、工艺、形态之间的关系。

③ 对照"定位"和"评价体系",消化、吸收用于"创意"和"变体方案"系列。

5. 意在创造

"创造"是设计思维的最后阶段,也是其最终目标。其实,前面我们所谈及的几个阶段都是在为了"创造"来做铺垫的。实际上,"综合造型设计基础"课程的目的不是别的,正是要培养和提高学生的创造性的思维能力。众所周知,设计是一项创造性极强的工作,没有卓越的创造力必将难以胜任。因此,"创造"应该是设计思维的重中之重。

人们常说"创造"来源于"灵感",然而"灵感"却是可遇而不可求的。正因如此,许多人便认为创造是天才的事情,与普通人无关。国外许多学校也认为"创造"是不可以在课堂里传授的。诚然,我们确实不能教学生如何获得"创造"所需要的"灵感",然而我们却能为学生提供实现"创造"的基本途径,通过有效的培训去激发他们的"灵感"产生,这便是常言道的"师傅引进门,修行在个人"。换句话说,培养"设计思维"正是为"创造"的实现寻求一条捷径。

在本章开始便提及了设计思维是围绕"问题"而进行的。前面我们主要谈论的是如何发现

问题和分析问题,然而,必须强调的是:发现和分析"问题"不是目标而是过程,而"创造"才是真正的目的。这是因为,"创造"的目的正是为了解决"问题",并使造型各方面的因素趋于平衡、合理。

（1）反向思维法

"反向思维"也被称为"逆向思维",它常常是我们在创造过程中有所突破的重点方向。当"问题"不能从正面得到解决时,我们不妨从反面加以尝试,以便为"创造"打开新的思路。例如:"滑接"是部件连接的最常见形式,它是通过摩擦力来实现的。摩擦力越大部件之间就连接得越紧密、越牢固,这对建筑和桥梁显然十分有利。然而,对交通工具来说,摩擦力越大就意味着速度越慢,因此最大限度地减小摩擦力,但仍保持着"滑接"状态,将是交通工具的创新目标（图3-14）。

（2）头脑风暴法

"头脑风暴法"是一种十分流行的思维方法。它要求将能解决"问题"的所有可能性思路全部罗列出来,然后再逐一地进行筛选。例如:木板与木板的常规连接方式有7种（每一种还存在许多差别）,按照排列组合的方式,这7种连接方式又能产生21种新的连接方式,这样总共就有了28种连接方式。如果再加上每一种连接方式（7种之一）的许多差异性,那么,最后的总数将会非常巨大。根据造型结构的需要,我们便可以从这些方案中挑选出最合理的一种来进行深入地发展和完善（图3-15）。

图3-14 "滑接"的正向思维与反向思维

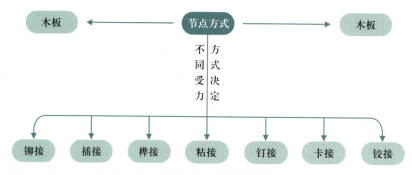

图 3-15　木材连接方式的头脑风暴

（3）渐进思维法

渐进思维法实际上是建立在"联想"的基础上的。通过联想，我们首先可以建构一个实现目标的基本雏形，然后再逐渐地进行甄别、筛选以便精选出最优方案加以发展。

这里想借用"鸡蛋落体装置"这一课题练习来加以说明。该课题所给的要求是：① 被包裹的生鸡蛋从 15 m 的高处做自由落体，着地后而不破碎。② 此装置越轻越好，且不能将鸡蛋完全遮挡；③ 鸡蛋和装置落地的时间越少越好，落地的轨迹避免呈直线。那么面对这一"难题"，我们将如何去思考呢？经过仔细分析便会发现该练习中实际上包含了 4 对矛盾：（鸡蛋）坠落—不碎；（装置）包装—遮挡；（装置）质地轻—落地快；（整体）自由下落—不成直线。那么，针对这 4 对不同的矛盾我们便可以分别采取相应的措施（图 3-16）。

根据以上的思路，便可以逐步地梳理出许多可行的方案，然后，通过反复的实验和不断地改进、调整，直至形成一个十分合理的"落体

装置"。在"渐进思维法"中，每一步都包含着很强的逻辑推理，整个过程是遵循着由模糊到清晰、由抽象到具体、由系统到部件、由单一到综合的发展程序。因此，这是一种十分科学的创造思路。

当然，创造的方法不胜枚举，甚至每个人都可以根据自己的实践经验总结出一套行之有效的方法。究竟哪种方法最佳，却只能因人而异了。因此，这也许就是人们认为"创造"不易被传授的原因之一吧。

"创造"的本质在于既要创新还要能实现。上述提及的"观察、分析、归纳、联想"始终紧扣"目的"，研究实现"目的"的外因、理解"设计定位"是建立"目标系统"后的设计"评价系统"，也是选择、组织、整合、创造内因（原理、材料、结构、工艺技术）的依据。这个过程既能广泛吸收自然、前人的经验，又能学以致用地汲取自然、前人的营养，做到"他山之石，可以攻玉"的创造，而不会沦为"吃鸡变鸡、吃狗变狗"的模仿抄袭。

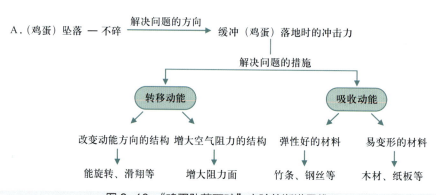

图 3-16　"鸡蛋坠落不碎"实验的渐进思维

①"联想"阶段形成的"创意"要被"目标系统"不断"评价"。

②所有"创意"方案在选择、组织"内因"过程中要不断依据"评价系统",以支撑、完善"目标系统"为目的。

③从整体方案的"创意"到方案细节的"创意";"细节"与"细节"的过渡;"细节"与"整体方案"的"关系",即不同层次的"内因"都要与相对应的"外部因素"协调(图3-17)。

6. 勤于评价

尽管"创造"是设计思维的最终目标,但是,经过"创造"的形态,并不等于就是好的形态。那么何谓好的形态呢?总的来说,它应该具备以下的一些条件。

（1）创造性

"创造性"是设计最重要的前提。人类之所以能够不断地发展、进步,正是得益于人类永无休止的"创造"活动。因此,鉴别一个"形态"是否优劣,"创造性"是最重要的衡量标准,它不仅表现在新材料、新结构和新工艺的运用,更重要的是从挖掘新需求、整合新材料、新技术为"新物种"的"造型"新观念的建立与发展。

（2）合理性

"合理性"是指设计必须合乎事物客观规律和人类的审美情趣。就一个特定的"造型"来说,其"合理性"应体现在:首先根据其需要,合理地选择其材料、结构和加工工艺,然后按照人们的审美情趣,系统地构筑出合理的"形态"。实际上,"合理性"主要表现在客观性(造型的实现限制)和主观性(造型的社会文化)两个方面。而两者的协调、统一体所表现出的正是"美感"。

（3）永恒性

造型不应片面地追逐"时尚",以致昙花一现,而应经得起推敲和时间的考验。许多卓越的艺术品历经了数百年甚至数千年,尽管有些破旧,但依然光彩夺目,这正说明了它们具有"永恒性"。

（4）和谐性

造型不仅要考虑到自己内部的协调性,还需要考虑与其环境的协调性,如节省材料与能源、保护环境、废旧材料的回收等。众所周知,我们所拥有的自然资源是十分有限的。因此,从长远来看,强调造型与环境的"和谐性"就是要强调符合人类的长远利益。

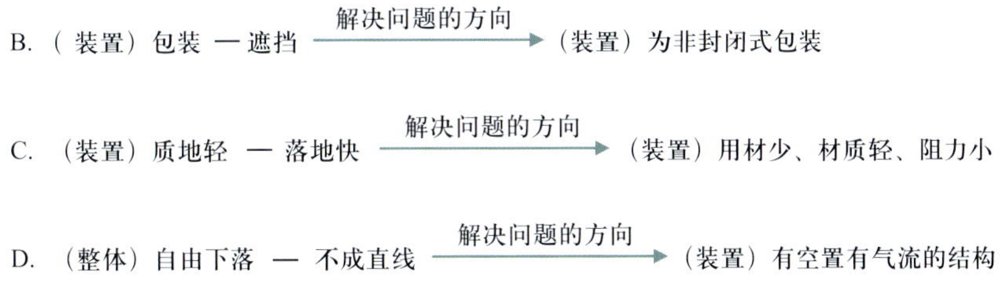

B.（装置）包装 — 遮挡 —解决问题的方向→（装置）为非封闭式包装

C.（装置）质地轻 — 落地快 —解决问题的方向→（装置）用材少、材质轻、阻力小

D.（整体）自由下落 — 不成直线 —解决问题的方向→（装置）有空置有气流的结构

图3-17 "鸡蛋坠落不碎"实验的三对矛盾解决方向

第2节 设计思维的方法和特点

1. 设计思维的方法

设计思维的过程就是一个发现问题、分析问题和解决问题的过程。一个新的形态被提出后,设计者首先要确定这个形态是什么样的,都有哪些因素构成,也就说要去寻找问题;然后再来分析这个问题为什么是这样而不是那样,这就是分析问题的过程,分析问题的目的是要探索解决问题的各种途径;最后才是如何实施,也就是选择正确的方法来解决问题。分析的问题越多、越透彻,解决的问题也就越明确、越彻

底。解决问题的方法有很多种，但解决问题的前提是发现问题和提出问题。只有发现问题，提出原有形态的不足，才能加以改进、完善，从而产生新的形态。发现问题和解决问题也是设计师的基本素质，设计师要注意从多角度去观察事物，敏锐地发现非常重要但又容易被一般人忽略的问题，这样才有可能找到解决问题的关键所在。

设计思维过程也是一个思维渐进的过程，它由浅入深、由简到难，从单一到多元，由零散到集中（图 3-18）。

设计思维过程又是一个互动的过程，在这个过程中要进行不断地重复、完善和整合（图 3-19、图 3-20）。

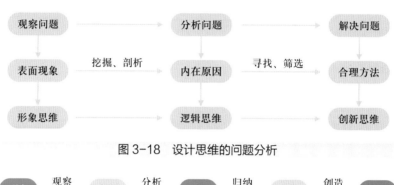

图 3-18 设计思维的问题分析

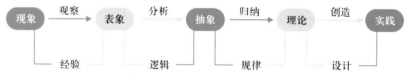

图 3-19 设计思维是一个思维渐进的过程

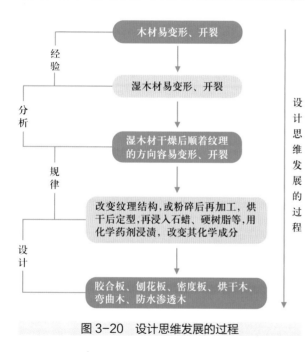

图 3-20 设计思维发展的过程

2. 设计思维的特点

（1）系统思维观

设计思维是建立在系统观念之上的，也就是说，所面对的问题往往自成体系，仅用孤立、静态的方式去处理其局部常常会失败，只有通过联系、动态的方式去协调整个系统的才能有所斩获。综合造型设计实际上要将形态、材料、工艺和结构看作是一个系统，综合地去考虑造型的每一个要素，以便获得最佳的问题解决方案（图 3-21）。

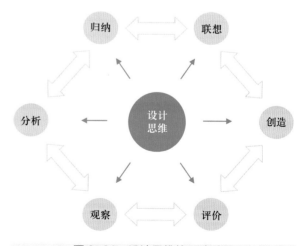

图 3-21 设计思维的互动过程

（2）分类与比较

分类与比较是设计思维中经常运用的方法。分类是为了寻找其共性。面对数量众多、情况复杂的问题或事物，要想在有限的精力和时间里逐一、仔细地了解它们几乎是不可能的，实际上，也没有此必要。采用分类法可以大大地提高工作效率，例如：木材的品种很多，且性能差异也较大，很难逐一去了解它们，而将其分类（如针叶树、阔叶树）后就比较容易了。比较则是为了发现其个性，同类事物或问题虽然有其共性，但也存在其差异性，这些差异只有通过比较才会更为清晰、明确，这样便比较容易去了解和掌握其个性（图3-22）。

图3-22 综合造型设计系统

（3）举一反三

设计思维通常是先采取研究典型的事物，然后再以此来进行推广的。典型的事物具有问题集中、代表性强、成效高等特点，因此它对其他事物的问题研究具有较好的借鉴和指导作用。如芬兰现代设计大师阿尔瓦·阿托于1929—1933年间利用蒸汽弯曲木技术设计的椅子，充分利用了木板材的材性，再加上其结构简约、明快、造型美观且极具现代感，因而成为斯堪的纳维亚设计的杰出代表作品。该作品不仅为弯曲木工艺开了先河，还为人的设计理念的更新提供了很好的借鉴，从而对现代设计的发展起到了巨大的推动作用。通过对问题的举一反三，可以由点及面、触类旁通。

（4）理性与感性

设计思维也交织着理性和感性的两个方面。感性思维是设计思维的基础和灵感；理性思维则是设计思维的升华和完善。两者都不应有所偏废，否则设计思维便是不完整的。感性思维通常比较跳跃，缺乏逻辑性，但它往往能够通过感

觉器官的能动性迅速地捕捉到问题的关键（敏感点）。从这一点来看，它是比较高效的。而理性思维则是一种逻辑性的思维方式，它比较注重问题的因果关系，所得出的结果可行度较高，因而它又是一种比较稳妥的思维方式。两种思维虽各有特点，但也各有局限性。只有将其融合在一起才能使设计思维更为全面、完整。例如：在观察事物（如椅子）时，首先需要借助眼睛去看，然后要去摸一摸，或者用身体去感受一下（亲自坐一坐），这时候感觉器官会以极快的速度把这些信息（视觉美感、舒适程度、稳定性、手感效果等）传递给大脑，大脑则根据以往的经验（其他椅子的感受），经过比较后又迅速做出反馈，即时地发现问题所在（不舒适、缺乏美感、不牢固、手感差等）。以此为基础再经过理性思维的分析、归纳和总结就能找到问题的症结（是否结构不合理、材料利用不恰当、加工不合理等）所在。借助感性思维的直觉、感悟和启发，还可以帮助理性思维走出困惑、突破难点。

（5）创新与限制

设计的最主要目的就是要追求创新，而创新又首先表现在思维（方式）的创新和观念的创新。尽管改良也是创新的一种方式，但思维（方式）和观念的创新则是最根本的创新。创新才能使设计超凡脱俗、出类拔萃；创新才会让追求永无止境、勇攀高峰。然而，创新又并非天马行空、无所顾忌，而是常常要受到许多条件的限制。例如：功能、环境的要求，材料、工艺的限制，文化、习俗的制约等，都会给创新带来障碍，使其更具有挑战性。实际上，限制使得创新的针对性更强、目的性更明确。创新与限制是一对矛盾的统一体，设计思维的重要目的就是要协调好这一矛盾体，从而使得造型在满足限制条件的同时又能获得最大限度地创新。

（6）创新与发明

创新与发明虽然相似，但却是两个不同的概念。创新是指抛弃旧的，创造新的，即破旧立

新；而发明则是创造新的事物或方法。培养设计思维并不是让人们都成为发明家，而是要培养人们的创新意识和观念。设计离不开发明，但绝不等同于发明，它实际上是在积极地利用发明的成果。发明固然重要，但充分地利用发明的成果却更为关键。没有得到充分利用的发明，就好比没有经过雕琢的钻石，无法绽放出其绚丽的光彩。绝大多数电脑的使用者并不是其发明者，他们甚至不清楚电脑的工作原理，然而这并没有妨碍他们的使用。我们都会为祖先们创造的四大发明感到自豪，然而四大发明的成果在我国并没有得到很好的利用，相反，西方国家列强却利用火药和指南针制造了坚船利炮，一举打开了我国的国门。在悲痛之余，许多能人志士感叹我国的科学技术落后，殊不知真正落后的是当时人们的思维和观念。相比之下，学习科学技术并不是难事，而思维、观念的创新则非一朝一夕所成。

由此可见，设计思维的目的是创新而不是发明。必须清楚地认识到：在造型过程中，应该用创新的方法合理地利用材料、结构和工艺，而不是去发明材料、结构和工艺。

（7）深度与广度

设计思维需要相应的深度和广度的配合。所谓深度是指对问题的直接因果关系的研究，而广度则是指对问题间接关系的研究。完整的设计思维应该两者兼顾，即以深度为主，广度为辅。然而，初学者往往容易走入这样一个误区，那就是顾此失彼。光有深度，虽然抓住了问题的主要矛盾，但由于缺少广度而会变得孤立。例如：在建筑设计时，如果只考虑建筑本身的造型而忽略与周边环境的协调，就会使该建筑变得非常另类，以至失去了与整体环境的协调感；而只有广度没有深度，又会使问题比较表面化，缺乏实质内容和层次感。例如：一把造型很漂亮的椅子，虽然充分考虑了它与周围环境的协调性，但由于自身结构与形态没有得到很好的协调，整体缺少稳定感，极易发生变形，因而最终只能成了好看不中

用的"花架子"。

因此，设计思维需要统筹兼顾，全面、系统地去看待问题，深入细致地去对待问题的每一个方面。当然，设计思维的深度和广度也与设计者的自身的知识结构有很大的关系。因此，加强自身修养的提高，可以有效地降低在设计思维上的失误。

"设计思维方法"不仅是建立在对"造型"的"观察、分析、归纳"的基础上，而且始终在研究"造型"的"外部因素"限制下对"造型"本身的影响。"师法造化"阐述了"物竞天择"的道理。万物生存、繁衍都是因为其能"适应外部因素"或"改变内因"以"进化"来"适应"外部因素的"变化"。

创造"人为事物"同样必须遵循这个原则，一件产品或一项发明之所以得以推广，也必须符合它当时当地存在的人们的需要，即适合特定人群在特定空间、时间条件下，既能制造、又能流通、也能使用，且不破坏生态平衡。

在认识"造型"的过程中，坚持对"造型"存在的"事"的"目的、外因"的研究就是理解"造型"与"自然"、"物"与"社会"之间依存的必然"关系"，即对"系统"理解，这就是"认识"角度的升华，也就是"本体论"与"认识论"的互为促进和统一。

有了正确的、符合自然规律、社会准则的价值观和客观、全面、系统的观察、分析、归纳方法——科学的思维方式当然能掌握"事物"的"本质"和"系统关系"，"由表及里、由此及彼"和"举一反三"的"联想、创造"方法也就因势利导了。

基于"事理"的"评价系统"不仅是"观察、分析、归纳"的出发点，还是"联想、创造"的评价依据。

"方法论"与"本体论""认识论"在正确的"思维方法"中统一起来了。这就是基于设计"本体论""认识论"与"方法论"统一的、相互依存、"实事求是"的"事理学"思维方法。

第四章 "综合造型设计基础"的课题实践

存在决定意识，意识又反作用于存在。人类为了生存和发展，一方面在适应自然的过程中不断进化，另外一方面也在不断主动地改变着周围的环境，创造辉煌的物质文明和精神文明。人类经过长期"造物"活动的磨砺，在"造型"方面积累了丰富的实践经验，因此关注自然界千百万年来形成的万物存在的现象背后的原理；精读人类创造"造型"文化的目的、经验、过程、规律；品味人类如何因地制宜、因材致用、因势利导、适可而止的观念和思维，是学习造型设计的最好捷径。归纳人类无数造型活动中具有共性的思维实践——具有整体系统结构的"基因"课题，综合造型设计基础的实践练习课题则是我们在"眼、手、脑、心"并用的造型实践中学会观察问题、分析问题、归纳问题和运用联想创造性地解决问题的思维方法实践。

下面就是从造型实践活动中总结归纳出来的几大类"基因"课题——从"目的形态研究""材料工艺结构整合研究""型的综合创造研究"三个方面展开的许多造型练习课题。作为工业设计专业的专业基础课程应从这三大类课题中，每一类至少选择两个子课题，安排学生进行实践。其他设计艺术专业的基础课程可根据自身需要选择其中的子课题训练。"综合造型设计基础"课程的内容确定后，教学方法是保障，其核心是通过下列课题训练实践的组织来达到目的。前面几章的内容循序渐进地讲解后，一定要求学生动手、动脑，将布置的课题作业独立完成，在过程中经常要强调用模型交流作业中发现的问题，并最终举办展览和讲评。在教学过程中，强调教师要组织学生之间相互观摩、互动讨论、交流评价，并在展览与讲评中使学生建立起自己对造型的评价体系，教师仅仅起一个组织、

启发和指导的作用，调动学生的兴趣、热情，发挥学生的主动性，提供动手实践的条件，营造研讨交流的氛围，引导学生用各种方式表达思想和见解是综合造型设计基础教学方法的关键。

第1节 目的形态研究

1. 生活中形的语义：按钮形态训练

（1）目标要求

通过系列化按钮设计，对系统化设计产生初步了解，系统化的设计思想常与设计统筹方法紧密联系在一起，进而发展成为工业技术时代一种必不可少的分析和控制方法。系统化设计的概念被用于工业设计后，人们不再把设计对象看成是孤立的东西，而是把它放到一个系统中去统筹设计，使功能、形态、结构的设计不仅局限于单一的设计对象，而且要考虑它的整体性、与它相关联的部件，以及其他环境因素之间的关系。课题的目的是通过明确的形体训练，增强学生思维的逻辑性和对整体系列产品的宏观把握与设计执行能力。

（2）条件限定

对按钮形态和语言的推想要认真执行：绘制草图、制作草模型、选出符合要求的最佳设计、运用电脑制作出最终效果等步骤。每个按钮功能明确，只具有一种功能，且不同功能的按钮具有一定的联系性，形成系列化产品。第一，这三种按钮的个性又必须有统一的造型风格，即寓于共性之中；第二，每个按钮的操作个性的表达还必须清晰、简洁、有逻辑性；第三，可考虑按钮的背景的作用，也可发挥三维立体形态的光影效果。

通过对系列按钮的设计与统筹，培养学生形

成设计思维。所谓具有逻辑设计思维能力是指正确、合理思考的能力，即对产品进行观察、比较、分析、综合、抽象、概括、判断、推理的能力。那么，如何采用科学的逻辑方法，准确而有条理地表达自己的思维过程，这需要加强以下四个方面的训练：第一，深刻理解与灵活运用基础知识的能力；第二，设计想象能力；第三，设计表现能力；第四，设计作图与识图表现能力。

（3）典例示范

对于产品的设计如果单纯停留在纸面上，学生接受起来会比较抽象，毕竟不能用的产品再好的形态也只能是天方夜谭，因此，为了帮助学生更好地认识产品的各种特性，课程中将观察、操作、演示、实践等环节有机地贯穿于一体，引导学生在感知形态的基础上加以抽象概括，采取了找一找、看一看、摸一摸、折一折、画一画、比一比等教学手段，让他们在大量的实践活动中掌握知识，形成能力。

图 4-1～图 4-3 所展示的案例是学生基于对课程的理解进行的三个系列按钮的设计作业，从对形体的示能性理解切入思考，从自然与人工产物中收集设计灵感，进而绘制了一系列设计草图，然而，在手脑结合的教学氛围中，学生的思维层面需要与实际操作相对接，关键是靠具体的操作与观察来确定所设计的方案是否具有可行。所以，课程会留出实践的时间，鼓励学生以草模型的方式，按一比一对按钮进行选材制作，同时还会鼓励学生产出多套模型方案，并按制作顺序在展板进行展示，以明确设计思考的流程。注重设计思路的完整性并在动手实践中不断优化对系列化、模块化形态语言的理解，是本次训练的重点考核内容。然后，选出理想的系列按钮，并将其作为设计思考的起点，考虑如何将按钮应用于现实的产品设计中，发挥其作用，并多维度考虑产品与按钮之间的适配性。最后，通过计算机辅助设计软件将按钮在产品中的使用效果加以展现。

图 4-1　系列按钮设计作业 1（设计者：陈妍）

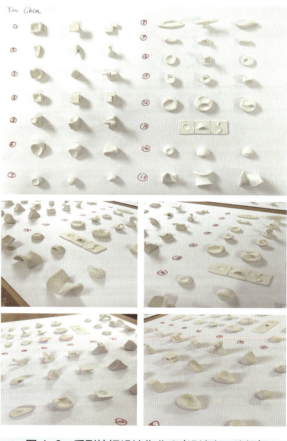

图 4-2　系列按钮设计作业 2（设计者：陈妍）

图4-3 系列按钮设计作业3（设计者：陈妍）

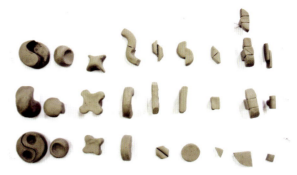

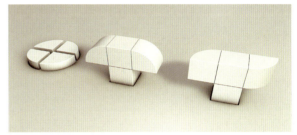

图4-4 系列按钮设计作业4（设计者：毕璐璐）

（4）关联案例

图4-4～图4-25是学生围绕课题进行的系列按钮设计训练，通过设计成果反映出不同层级、专业的学生对课题的理解和设计创造力的展现。教师对设计成果的评价会根据以下原则：首先，能否运用手与眼的配合，把握形态变化过程的"度"，以训练对"型"的敏感度。通过动手把握和用眼审视形态细微变化的感受，以及培养造型"审美"的感受，培养对造型的统一与变化、规律与韵律、严谨与生动的把握能力。其次，整体的系列造型既要在三维空间里有起伏跌宕，又要在变化中体现韵律，整体造型还要有视觉冲击力。通过实际练习，体会造型过程是把"限制"作为造型立意的依据和创造的起点，这才是造型的基本规律与方法和理解造型相关要素之间关系的捷径，也是学习工业设计的基本评价方法及综合处理问题的能力。

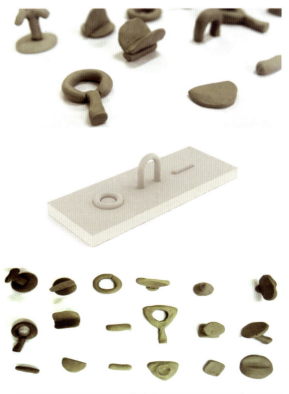

图4-5 系列按钮设计作业5（设计者：陈沫言）

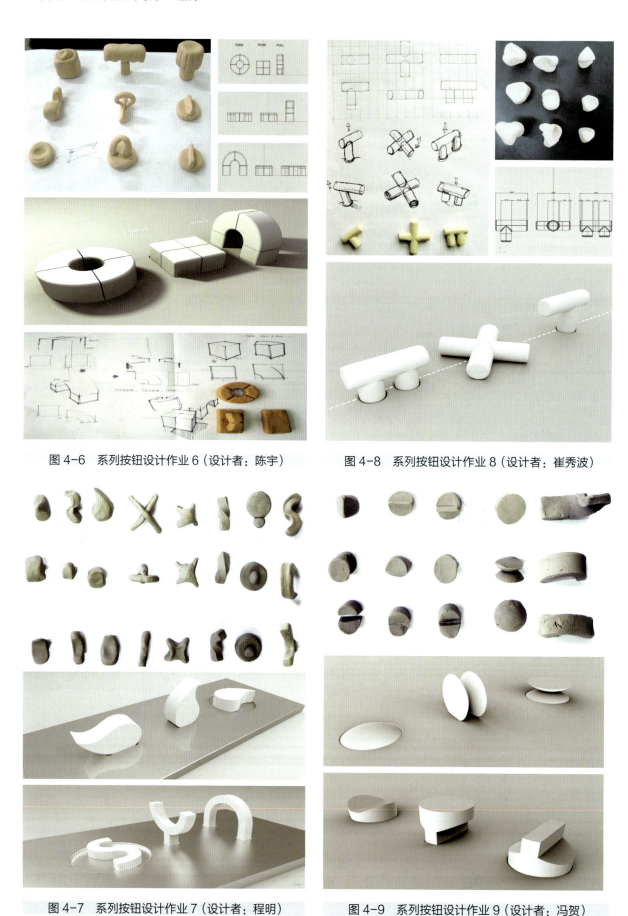

图 4-6　系列按钮设计作业 6（设计者：陈宇）

图 4-8　系列按钮设计作业 8（设计者：崔秀波）

图 4-7　系列按钮设计作业 7（设计者：程明）

图 4-9　系列按钮设计作业 9（设计者：冯贺）

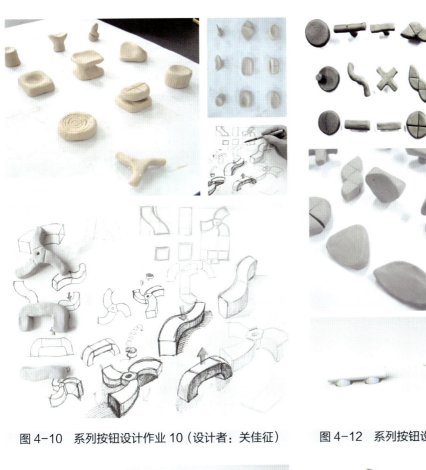

图 4-10 系列按钮设计作业 10（设计者：关佳征）

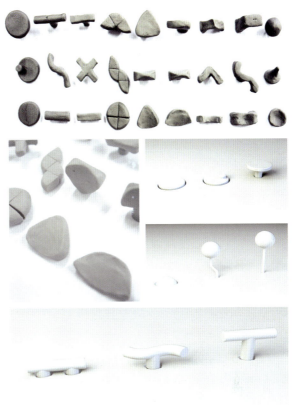

图 4-12 系列按钮设计作业 12（设计者：李金泉）

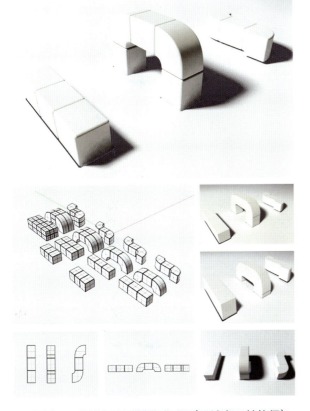

图 4-11 系列按钮设计作业 11（设计者：关佳征）

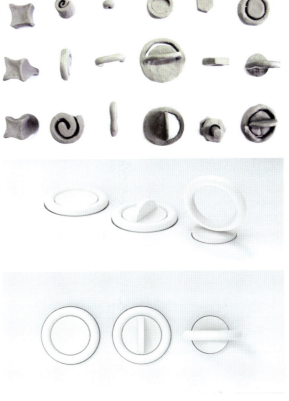

图 4-13 系列按钮设计作业 13（设计者：吕琳）

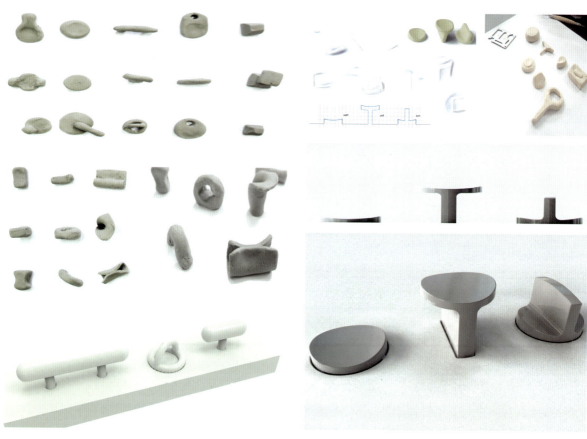

图 4-14　系列按钮设计作业 14（设计者：潘楚翘）

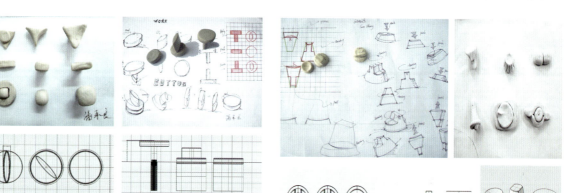

图 4-16　系列按钮设计作业 16（设计者：孙文龙）

图 4-15　系列按钮设计作业 15（设计者：潘承良）

图 4-17　系列按钮设计作业 17（设计者：王炳旭）

图 4-18　系列按钮设计作业 18（设计者：王梓）

图 4-20　系列按钮设计作业 20（设计者：杨杰）

图 4-19　系列按钮设计作业 19（设计者：许庆东）

图 4-21　系列按钮设计作业 21（设计者：于皓）

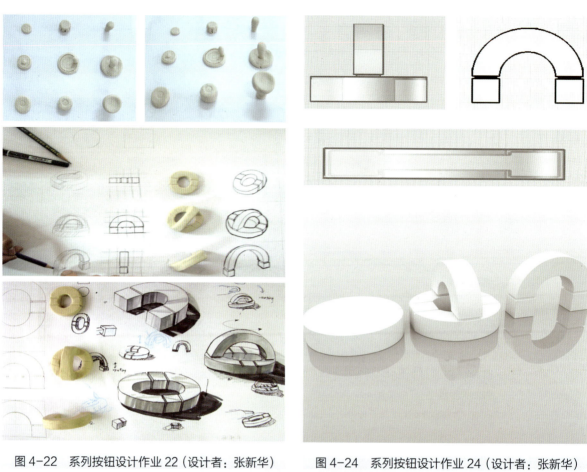

图 4-22　系列按钮设计作业 22（设计者：张新华）

图 4-24　系列按钮设计作业 24（设计者：张新华）

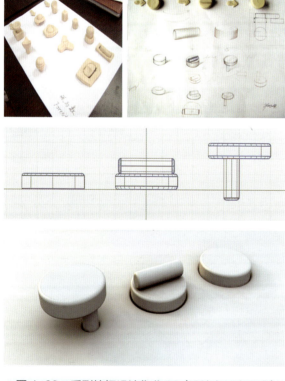

图 4-23　系列按钮设计作业 23（设计者：张丙森）

图 4-25　系列按钮设计作业 25（设计者：杨焕）

2. 单元与成型：折纸形态训练

（1）目标要求

通过折纸形态的训练，学生能深刻感受材料与模块化设计意识的重要性。这种训练可以增强学生思维的逻辑性和对整体系列产品的宏观把握与设计执行能力。在折纸过程中，学生需要寻找并总结规律。例如：如何以一个单元或源部件为基础，通过四方连续的方式形成具有规律性、韵律性的肌理变化，在立体思维指引下，学生需要学会对单元体的重复使用，以达到对材料的熟练掌握，以及对形式美的实践应用。此外，折纸训练中的逻辑思维是以概念为思维材料，以语言为载体，每推进一步都有充分的依据，它以抽象性为主要特征，其基本形式是概念、判断与推理。因此，逻辑思维能力就是正确、合理地进行思考的能力。为了使学生真正具备逻辑推理能力，我们需要注重培养他们的思维方式和解决问题的能力。

（2）条件限定

折纸训练所呈现的几何立体形态可以通过数理关系来进行控制，因此可以利用数学的逻辑推理来有效地对形体进行分割和按比例地排列。在制作过程中，应重点关注的限定条件是一定尺寸的纸张，即每个单元（10 cm × 10 cm）的方形纸张。具体方法包括折、叠、切割、粘合、插接等等。用 80 mm × 80 mm 方形白卡片纸，以正方形中心为中点，平行于其中的一个边裁 40 mm 的切口（或者沿正方形对角线的中点裁切口 40 mm）。通过对单元体的推敲，进而展开对四方连续造型的推演训练。

① 任何肌理训练——非秩序排列，也就是利用任何手段通过任何形态构成的肌理变化。

② 单层次肌理——用一个单元体形态构成的有序的肌理变化。利用折叠和裁切的手段（不包括粘接）制作，具有明确的形式感和有规律的

几何形态的单层次有序排列的肌理。

③ 多层次肌理——由一组或多组形态构成的有序的肌理变化。形态的组织是多层次的叠加、穿插，形态本身应具有一定的复杂程度，并且具有很强的形式感（注：不可用粘接的办法）。

④ 复合的肌理——利用多种方法和多种形式，在单层或多层次肌理上面，利用复加的方法，把不同的单元体有机地组织在肌理变化之中。

（3）典例示范

几何形态是一种完全基于逻辑分析的形态来源，它遵从于概念的几何形，如正方体、圆柱、球和圆锥等来处理不同形式，把事物的外观归纳为众多的几何形状作为基本原则。建立一个多元的、具有空间意识的思维模式，是几何立体形态研究的又一重要的特征。把握几何立体形态的设计语言，就像不同领域之中所使用的专业用语一样，形态设计中也存在自己独特的表现语言。必须把握和运用逻辑的且具有数学概念的形式语言，以此建立一个多元的、具有空间意识的思维模式，这是几何立体形态研究的又一重要的特征。

图 4-26 所展示的是学生基于对课程的理解进行的四方连续折纸设计训练作业。在这个训练中，首先要把平面概念下的思维模式转变成立体的思维模式。利用纸的平面来制作立体的形态。从平面设计中学习面的分割和重构，并利用这些分割和组织方法来完成从平面到立体的变化。这不仅仅是在平面上分割、组合，更是在立体空间中分割、组织。利用上述的条件，把这个正方形的平面变成立体形态。要求制作规整漂亮，具有明确的形式感和创造性，不得随意裁切，并且必须利用材料本身的特性进行折叠，使线条顺畅，形体连贯。最终，把条件和材料以及形态按数理关系、协调、统一组织在一起，使其产生理想的立体形态。

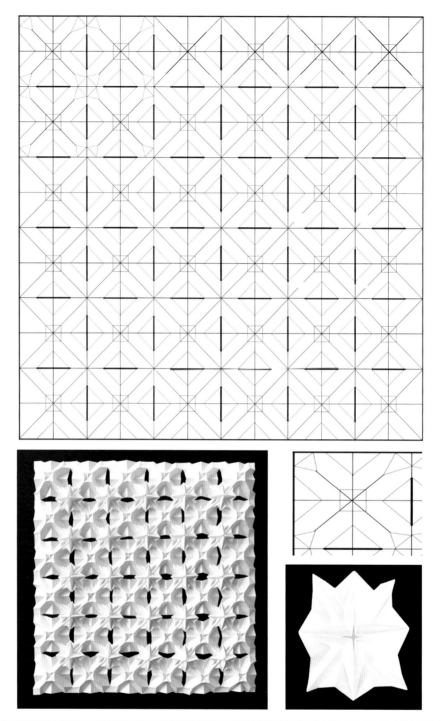

图 4-26 折纸设计训练作业 1（指导教师：王琳）

（4）关联案例

图 4-27 ～图 4-30 展示的是学生围绕课题进行的折纸设计训练作业。在平面设计中，肌理就是某种纹理，是一种或多种形态要素的重复。那么现在所要做的是三维立体形态的肌理变化（即一种或多种立体形态要素的重复）。也就是说，由一个或一组立体形态按一定的顺序排列，组织在一起，形成一个凹凸不平的一块类似浮雕的面。这就是立体的肌理训练。通过这种肌理训练，主要目的是了解形态的有序化排列的状态，了解同一形态（同一组形态）之间组合时的联系形式。

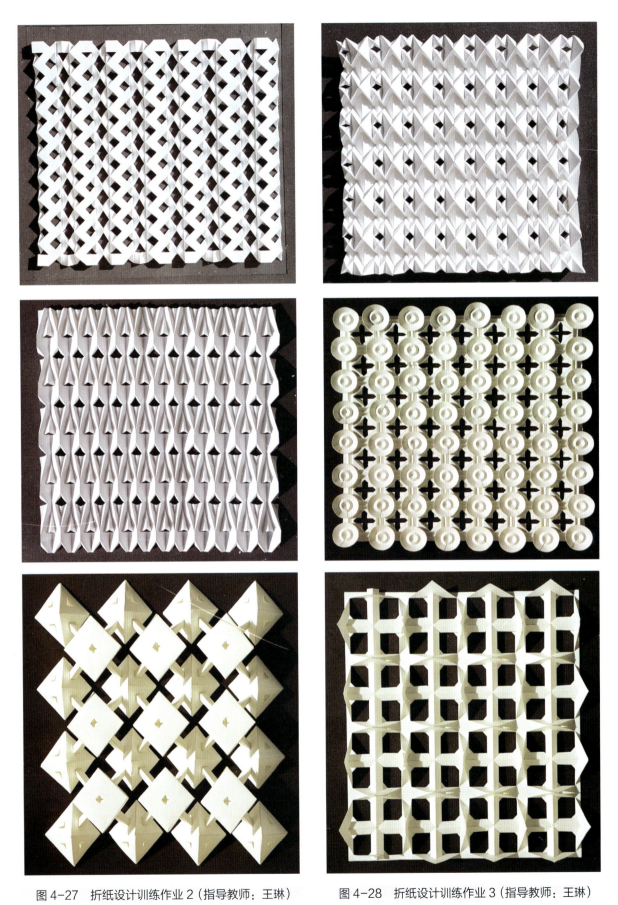

图 4-27 折纸设计训练作业 2（指导教师：王琳）　　图 4-28 折纸设计训练作业 3（指导教师：王琳）

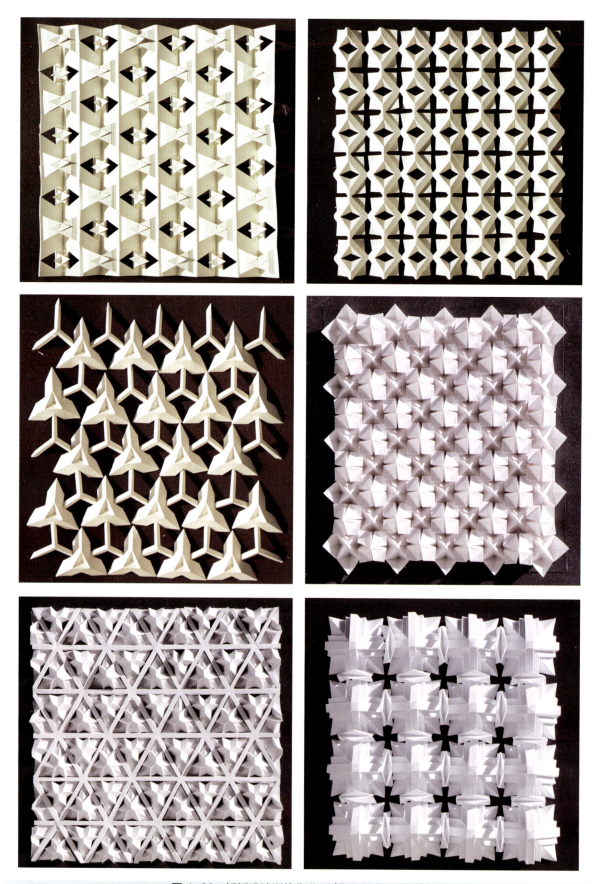

图 4-29　折纸设计训练作业 4（指导教师：王琳）

图4-30 折纸设计训练作业5(指导教师:王琳)

在训练过程中，思维要与动手实践同步进行。首先，在形态设计的过程中，掌握一些材料的基本的构造属性与其相适应的加工手段是完成设计作品的必要保证。其次，影响加工工艺的因素有很多，但最主要的和起决定性作用的因素是所使用的材料的加工特性。另外，加工方法也会直接影响材料的使用和结构的构造，进而影响形态的存在形式。最后，三维形态和二维形态在形态概念上有着明显的差异，在实际运用这种思维方法操作中，必须从几何学的角度来理解和实现。

3. 形态的寓意：石膏形态训练

（1）目标要求

一个有机的整体。不同物象在一个空间中相互聚集，产生了相吸或相斥的力。这种力构成了虚中心，有时亦成了物象的新中心。形体的间距疏密、不对称，通过视觉力能性的恰当处理，可以达到相互关系的调和。

① 创造对外力的反抗感：对外力的反抗感实质上是极强的内力所产生的。这种存在于作品潜在的能力得到强烈的反映和展现，形体也就有了更大的"场的效应"。

② 创造生长感：生长无疑是生命力的表现形式，然而生长的形式非常复杂，从孕育到出生、成长……每一个阶段又有许多种不同的表现形式。对于形体的研究者来讲，就产生了许多可以借鉴的形式，将它们更好地运用到形态的创造上，就能够使人产生生命的精神力量。

③ 创造一体感：所有生物，其肌体是一个整体，局部的变化便会影响整个形体，这说明了生物的形体内力的运动和表现是具有一致性的，并且具有整体的统一性。所有的生物都同外界环境相互制约，相互联系，在内部不断变化的同时，还要同外界物质环境进行频繁的交换。

（2）条件限定

在基本了解了立体、空间以及几何的概念之后，发现有机形态与上述概念有着明显的不同，因此有机形态也是我们研究和训练的主要内容。首先，要确立有机形态要表达和体现的内涵和外部特征以及表达的方式。然后，利用前面所了解的立体和空间设计方法，对这种非几何形进行空间定位，从空间的角度进一步对形体不同方向的形式变化线面关系以及形体之间的过渡等细节变化进行构想。最后，通过完成形态的制作，在对形体具体处理的构成中，对形态的线面关系得到一个准确的认识和把握。

在设计草图的基础上，利用油泥或雕塑泥来完成形态的初步设计。在 20 mm × 20 mm × 20 mm 的空间中，用石膏或其他相应材料放大设计初稿。放大过程可以用翻制和切削地方法来完成整体形态的制作，在大型准确的基础上对形体的细部利用研磨地方法进行细致的修整，体现出形态的过渡关系。

（3）典例示范

从形态的内涵和外部特征来理解形态，是认识形态和创造形态过程中最重要的部分。不同的形态都有它们各自不同的内涵和外部特征，这些内涵和外部特征是相互联系、相互作用和相互依存的。同前面谈到的几何形态一样，有机形态也具有形态自身的内涵和鲜明个性特征，但是在形态的内涵和外部特征上它们却有着强烈的对比。

图 4-31 所展示的是学生基于对课程的理解进行的石膏形态设计训练作业。几何立体形态的内涵是通过理性的、精确而逻辑的数学模式所构成的外部形式来进行表现和加以控制的，也就是说，它的内部变化是受外部形态限制和影响的。形态内部变化的状态是相对稳定的、静态的、消极的和相对收缩的。几何立体形态的形与形的对话和连接是通过理性而逻辑的形态框架及精密的数学分割来实现的，而有机立体形态的内涵和形态特征的关系与几何立体形态则是完全不同的，它是通过形态内部的剧烈和细微的

不同变化来形成和产生其外部的形式。因此，可以说有机立体形态是内涵决定它的外部形式。我们在这里所说的内涵不是通常意义上的那种一段话、一本书或者肢体语言的内在含义，而是物质存在状态的内在特性，如有运动能力的物质和无运动能力的物质，生命的物质和非生命的物质等。

过程中，通过不同的形态语言来表述和传达丰富的信息。

图 4-31　石膏形态设计训练作业 1（指导教师：王琳）

（4）关联案例

图 4-32 ～图 4-40 展示的是学生围绕课题进行的石膏形态设计训练作业。这些作业在外部形式上形体呈现出了一种感性的、情绪化和多变的形态特征。在自然界中，具有这样形态特征和内在属性的物质大多是具有生命的和承载生命的物质，它们在不断地生长、变化、流动和衰败的

图 4-32　石膏形态设计训练作业 2（指导教师：王琳）

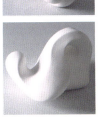

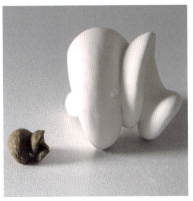

图 4-33　石膏形态设计训练作业 3（指导教师：王琳）

图 4-34　石膏形态设计训练作业 4（指导教师：王琳）

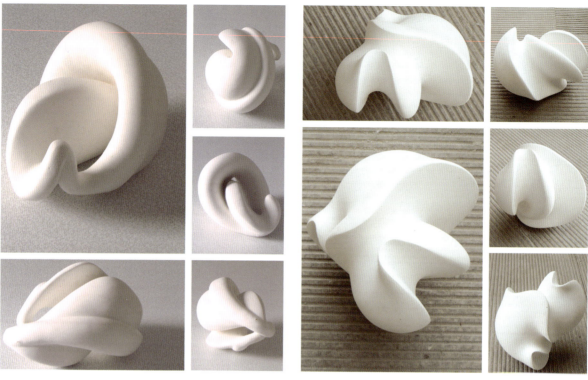

图 4-35　石膏形态设计训练作业 5（指导教师：王琳）

图 4-38　石膏形态设计训练作业 8（指导教师：王琳）

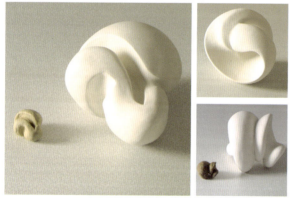

图 4-36　石膏形态设计训练作业 6（指导教师：王琳）

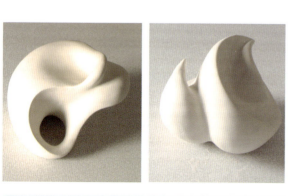

图 4-37　石膏形态设计训练作业 7（指导教师：王琳）

图 4-39　石膏形态设计训练作业 9（指导教师：王琳）

图4-40 石膏形态设计训练作业10（指导教师：王琳）

有机体是具有生命的个体，因此有机形态也可以理解为就是具有生命特性的形态。有机形态的最大特点就是具有生命的活力和运动感，不论是在的内部变化还是在的外部形式都能体现出这种独特的感受。生长无疑是生命活力的表现形式，不论生长的形式有多么的复杂，从孕育、出生、成长直到衰败和消亡，虽然它们的变化有不同阶段，每一个阶段还有许多种不同的表现形式，但是它们都遵循相同的变化规律，即它们内在力的由弱到强再由强到弱的变化。这些力的变化不是间断和独立的，是在一定的范围内连续的、循环往复的。不同强度、不同方向和不同性质的力在同一形体之中相互作用、相互交融。对于形体的研究者来讲，这种内在力的变化就产生了许多可以借鉴的形式，将这些形式更好地运用到形态的创造上，就能够使人感受到同生命一样的精神力量。

第2节 材料的结构与工艺研究

1. 正四面体构成训练

（1）目标要求

对于正四面体的创作、设计和制作的核心目

标是建立学生的零件构成意识和提升对连接方式的综合掌控能力，既要注重对形体的归纳和总结，又要找出其结构连接规律，然后根据这些规律再创造出三种新的连接方式。人类在不断发展自身的同时，也在不断改变着周围的环境，经过长期造物活动的磨砺，人类在造型方面积累了丰富的实践经验，因此关注人类创造的经典物品，是我们学习的最好捷径。通过了解材料的结构和工艺并进行相关的研究和训练，可以有效地了解和掌握材料与节点的造型规律，同时学会观察问题、分析问题和解决问题的思维方法。

形态的连接是造型的关键。"连接"联系的不仅是零部件的结构，也融汇了材料、工艺的原理，还贯通了力或能量的传递，更使形态具备了"生命"和"灵魂"，因此才有存在的价值。然而如何透过形态连接的表面现象提炼出形态连接的规律则难度较大，这需要善于在观察和分析对象时抓住其连接的目的、性质和特征，并反复地实践和深入地研究，才能熟能生巧、融会贯通、举一反三、因势利导。

（2）条件限定

对正四面体构成训练的要求如下：

① 分析、归纳和总结所观察的连接形态，并用图表的形式表达。由于连接目的不同或材质不同，其连接方式也不同。

② 新的连接方式应突出表现连接目的、材质、材型与节点的关系。

③ 新的连接方式要新颖、巧妙、合理，且易于加工。

④ 每种连接方式的空间尺寸范围是200 mm×200 mm×200 mm。

必须满足课题的要求：

① 观察准确，连接目的与材质、材型、结构的关系分析透彻，总结合理。

② 新的连接方式有效地运用所总结的规律。

③ 作业的连接目的明确、选材得当、结构牢固。

④ 作业的创意新颖、造型优美、加工精良。

（3）典例示范

首先要研究中心词——"正四面体"的几何概念，它是一个中心对称的正多面体。然后考虑正多面体的修饰词"稳定"，它是指内外力平衡的物体，尽管材质不同，而成形的正多面体各个方向从力学原理上能合理地经受外力的作用。最后还要思考将正四面体分割成若干适合其材性、材型、工艺性、工艺型的"相同单元"可能性，这种分割可以是相互穿插、互为相连的，这正是基于工业化的思考。

图 4-41～图 4-43 所展示的是学生基于对课程的理解进行的正四面体构成训练作业。用简易材料制作立体模型，理解正四面体的几何概念和其丰富无穷的变体，为构思做准备。考察作品的标准包括：第一，这些相同的单元件经过组合后的正四面体应是稳定、结实的（其结构力学是合理的，不仅整体，其外缘的点、角、边棱和面受外力后都能通过传递到整体来承担）；第二，单元件的材料可以是线型材、板型材、块

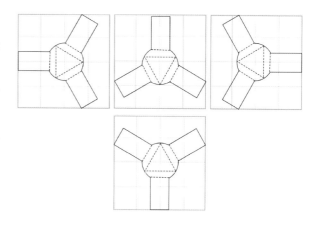

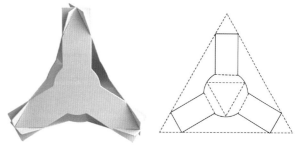

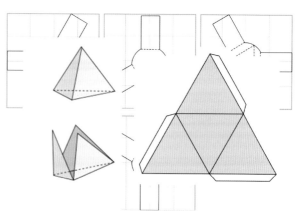

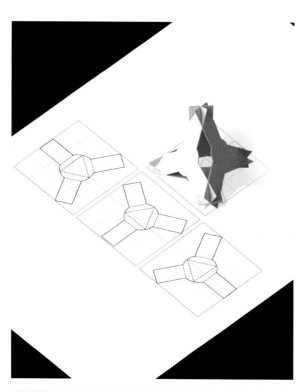

图 4-41 正四面体构成训练作业 1（指导教师：王琳）

图 4-42 正四面体构成训练作业 2（指导教师：王琳）

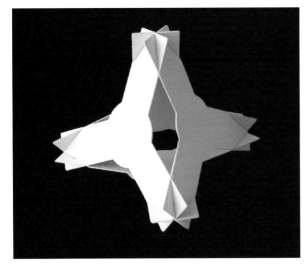

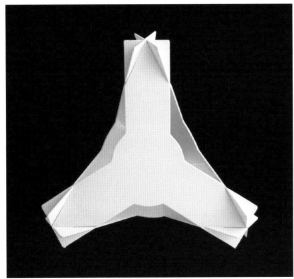

木块、泡沫塑料块等。第三，单元件的成型工艺要符合材料的特性，单元的组合方式和工艺顺序也要合理、简便；第四，组成的正四面体不仅要稳定、结实，还应结构合理、比例协调、虚实相间、造型优美。本次训练有助于培养学生自我评价设计的能力，提高对优秀设计的全面认识，并使学生理解造型是对材料、工艺、结构优势互补和整合的结果，从而在实践中加以运用。

（4）关联案例

图 4-44～图 4-50 展示的是学生围绕课题进行的正四面体构成训练作业。使用相同单元组成稳定的正四面体的造型练习可以说是造型基础训练的核心课题之一。它综合了材料、工艺、结构、形态、节点、细部、肌理、色彩等因素，在观察、思考、实验、分析、比较、评价中训练了动眼、动手、动脑、动心的设计全部内容。因此，该课题不仅具有抽象的、广义的、本质的、理性的特点，又兼具具体的、深入的、实际的、感性的特质。该课题将造型活动紧密地与处理材料、工艺、结构和心灵的感受、创造的冲动结合起来，真正体现了造型活动的本质和内涵。因此，建议将该课题列为"综合造型设计基础"的必修课题。

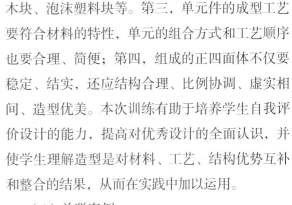

图 4-43　正四面体构成训练作业 3（指导教师：王琳）

型材，也可以是混合用材。所谓的线型材、板型材、块型材包括铅丝、钢丝、绳、棉线、木条、塑料管、铁管、纸板、薄铁板、塑料板、胶合板、

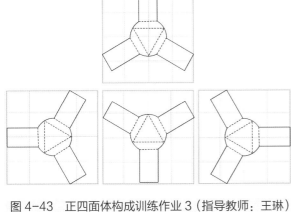

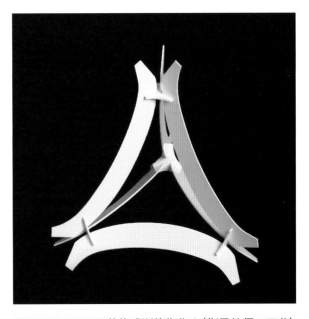

图 4-44　正四面体构成训练作业 4（指导教师：王琳）

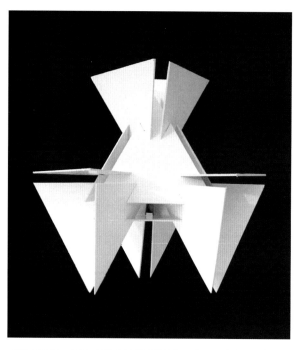

图 4-45　正四面体构成训练作业 5（指导教师：王琳）

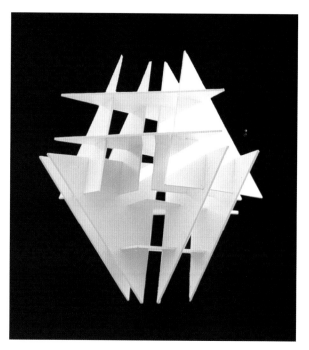

图 4-47　正四面体构成训练作业 7（指导教师：王琳）

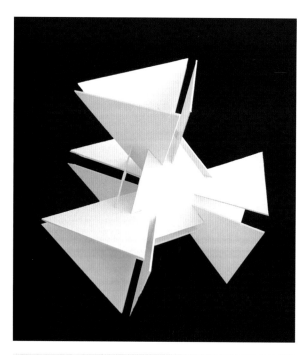

图 4-46　正四面体构成训练作业 6（指导教师：王琳）

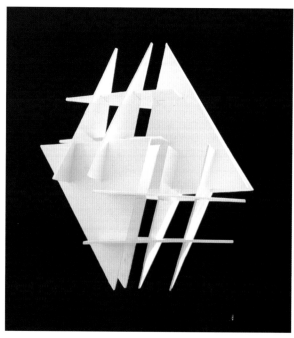

图 4-48　正四面体构成训练作业 8（指导教师：王琳）

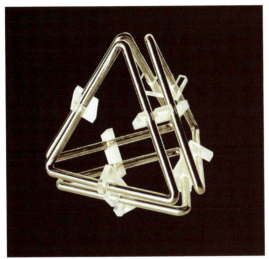
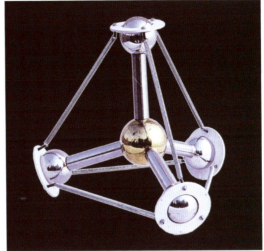

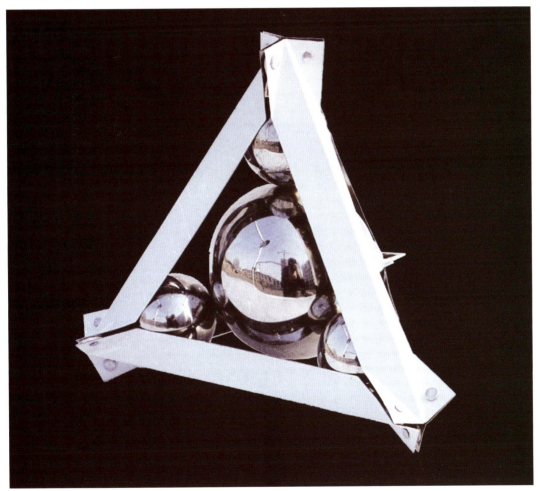

图 4-49 正四面体构成训练作业 9（指导教师：王琳）

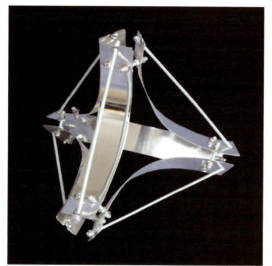 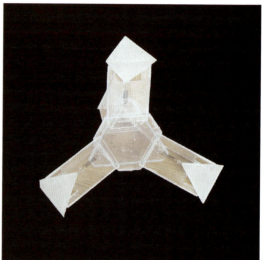

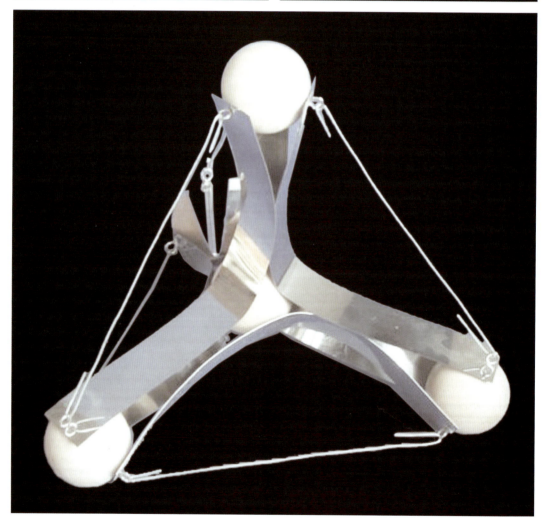

图 4-50　正四面体构成训练作业 10（指导教师：王琳）

2. 正六面体构成训练

（1）目标要求

对正六面体的构成训练需要通过材料和审美形式来表现对空间多维的理解。在此过程中，需要充分考虑形体构成的物质形态，以及结构和材料的合理性。设计所研究的形态恰恰是让不同形式的形态在现实的物质世界里得到充分、合理的表现。因此，形态的设计同样离不开结构和材料。不但离不开结构和材料的约束，而且材料和结构还被当作决定形态性质的重要因素和构成形态的组成部分。因此，形态的创造过程就是通过材料和结构来体现的，不同的材料除了种类的区别外，还具有自己的构造特性、视觉特性、力学特性与加工特性，这些特性将直接影响所构成形态的形式和表象。

材料本身是具有形态概念的物质，这种物质的形态和前面提到的自然形成的自然形态是基本上是一致的，是大自然赋予人类极其丰富的资源的一部分。当然，这是材料的原始状态，是自然界直接形成、没有经过人类加工的形态。而现实中所使用的材料还包括经过加工的半成品，例如：木材中不仅仅是原始的树木，而且还有经过加工制成的木板、木方、木线等；石材可以加工成石板、石砖、石柱等；泥土也可以制成砖瓦等最基本的建筑材料。另外，还包括人类从自然物质中提炼间接获取的材料，例如：金属材料就是必须经过提炼和加工才能制成如钢锭、钢板、钢管、钢筋等这样的型材等；石油提炼过程中分离出的塑料制成的原料颗粒、型材。还有很多的新型的有机、复合以及合成材料。材料是人类在生存活动中制造各种所需物品的物质基础，不论制造任何有形的东西，都需要使用相应的材料。

（2）条件限定

对正六面体构成训练的要求如下：

① 分析、归纳和总结所观察的连接形态，并用图表的形式表达。由于连接目的不同或材质不同，其连接方式也会有所不同。

② 新的连接方式应突出表现连接目的、材质、材型与节点的关系。

③ 新的连接方式要新颖、巧妙、合理，且易于加工。

④ 每种连接方式的空间尺寸范围是 200 mm × 200 mm × 200 mm。

必须满足课题的要求如下：

① 观察准确，连接目的与材质、材型、结构的关系分析透彻，总结合理。

② 新的连接方式有效地运用所总结的规律。

③ 作业的连接目的明确、选材得当、结构牢固。

④ 作业的创意新颖、造型优美、加工精良。

（3）典例示范

在形态设计过程中，材料的恰当运用是产生合理形态重要因素，材料的性质和结构特征将会直接影响形态的视觉、触觉以及心理感受。例如：木材具有温和、亲近、轻便、自然、舒适等心理感受；钢铁则具有理性、冰冷、锋利、现代等心理感受；石材具有永恒、坚硬、牢固等心理感受；塑料具有轻巧、随意、方便、透明、细腻等心理感受；金银具有华贵、明耀、辉煌、光亮等心理感受；玻璃具有明澈、脆弱、透明、开放等心理感受；纺织物具有亲切、温暖、柔软、下垂等心理感受。在选择构成形态的材料时，还要考虑到它的表面质感、内在特性以及象征意义这三种重要的表现因素。从理性因素到感性因素，从物质因素到精神因素，应全方位地理解和把握形态设计的材料运用，使形态的综合美学特性得以充分地表现。

图 4-51 ～图 4-56 所展示的是学生基于对课程的理解进行的正六面体构成训练作业。每种材料，不论其内部构造还是与其他材料构成的新的形态都有独特的结构形式，这是由材料自身理化结构特性和它们之间连接方式所决定的。因此，结构不仅仅是形态存在的形式和材料的排列方式，而且还是构成形态重要的有机组成要素。

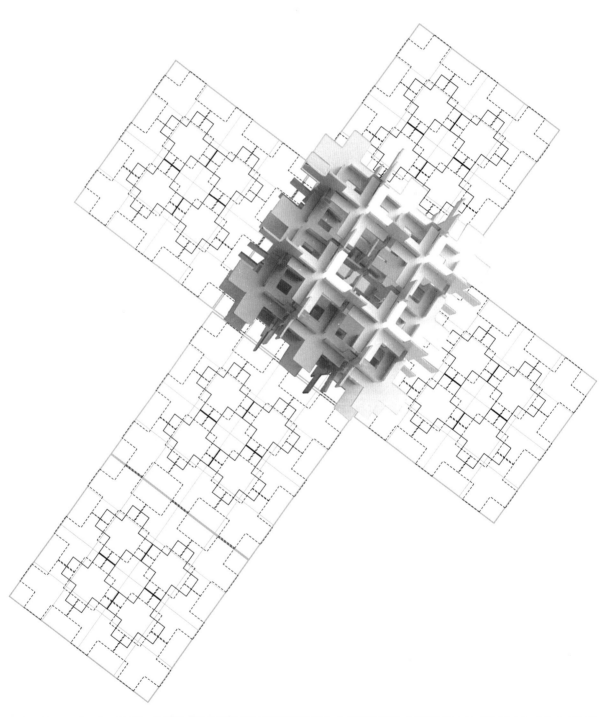

图 4-51　正六面体构成训练作业 1（指导教师：王琳）

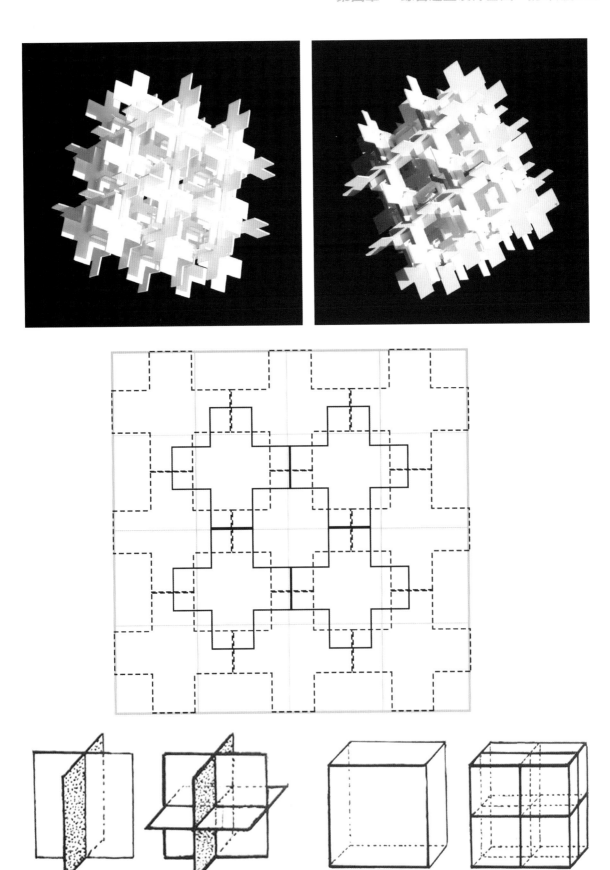

图 4-52　正六面体构成训练作业 2（指导教师：王琳）

图 4-53　正六面体构成训练作业 3（指导教师：王琳）

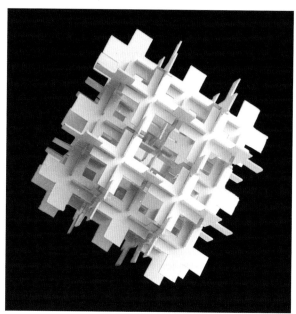

图 4-55　正六面体构成训练作业 5（指导教师：王琳）

图 4-54　正六面体构成训练作业 4（指导教师：王琳）

图 4-56　正六面体构成训练作业 6（指导教师：王琳）

（4）关联案例

图 4-57～图 4-79 展示的是学生围绕课题进行的正六面体构成训练作业。结构的概念使我们联想到材料和器物的力学特性，以及它们众多不同的连接方式，而正是这些因素决定了形态存在的结构形式。依据不同材料的力学特性，选择相应的弹性结构、框架结构、壳结构、悬索结构和自锁结构等。当选择符合要求的结构时，也就确定了形态的形象。在实践中，典型的应用有悬索结构的桥梁、薄壳结构的建筑等。因此，从某种意义上讲，结构形式在根本上影响了许多形态的存在，甚至决定了形态的存在形式。那么，研究形态的结构特征以及结构相对于材料和形式的合理性，则成了形态设计基础不可缺少的重要部分。

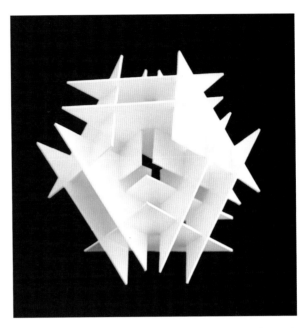

图 4-58　正六面体构成训练作业 8（指导教师：王琳）

图 4-57　正六面体构成训练作业 7（指导教师：王琳）

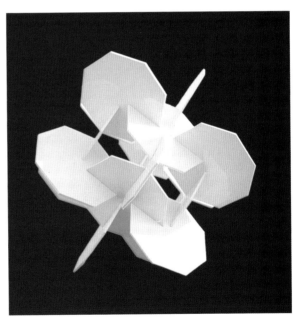

图 4-59　正六面体构成训练作业 9（指导教师：王琳）

图 4-60　正六面体构成训练作业 10（指导教师：王琳）

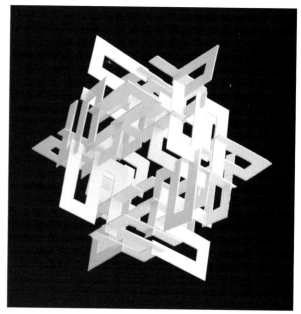

图 4-62　正六面体构成训练作业 12（指导教师：王琳）

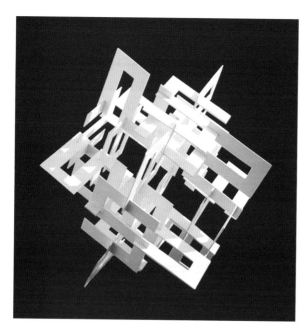

图 4-61　正六面体构成训练作业 11（指导教师：王琳）

图 4-63　正六面体构成训练作业 13（指导教师：王琳）

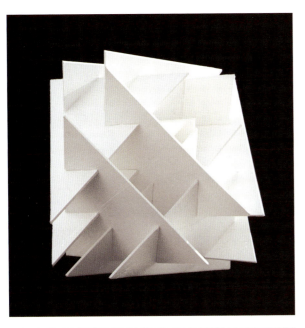

图 4-64 正六面体构成训练作业 14（指导教师：王琳）

图 4-66 正六面体构成训练作业 16（指导教师：王琳）

图 4-65 正六面体构成训练作业 15（指导教师：王琳）

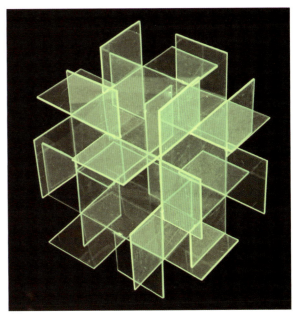

图 4-67 正六面体构成训练作业 17（指导教师：王琳）

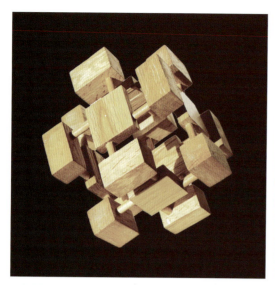

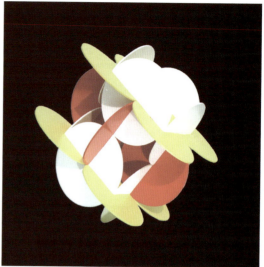

图 4-68　正六面体构成训练作业 18（指导教师：王琳）

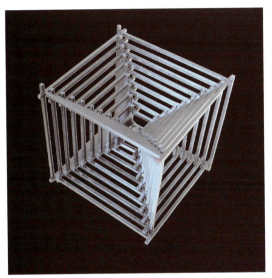
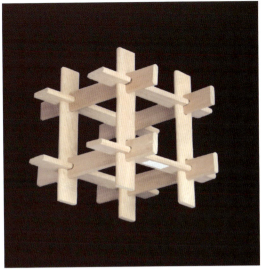

图 4-69　正六面体构成训练作业 19（指导教师：王琳）

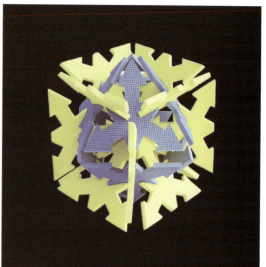

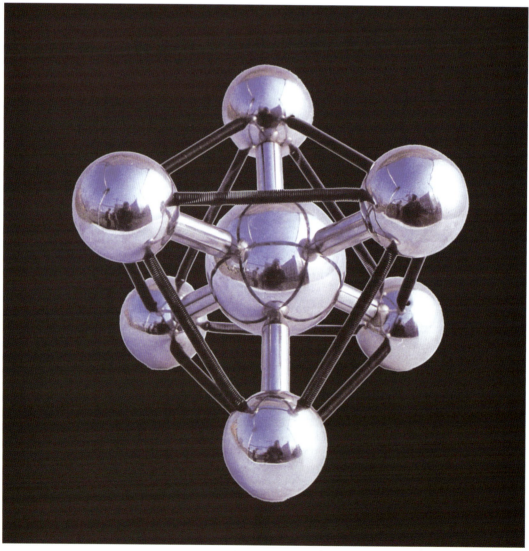

图 4-70　正六面体构成训练作业 20（指导教师：王琳）

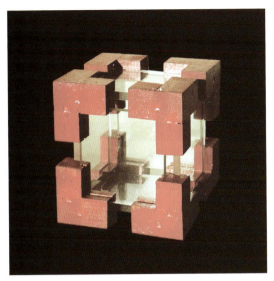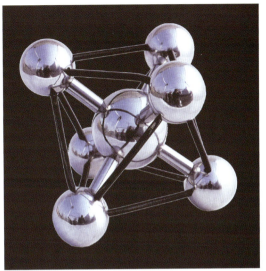

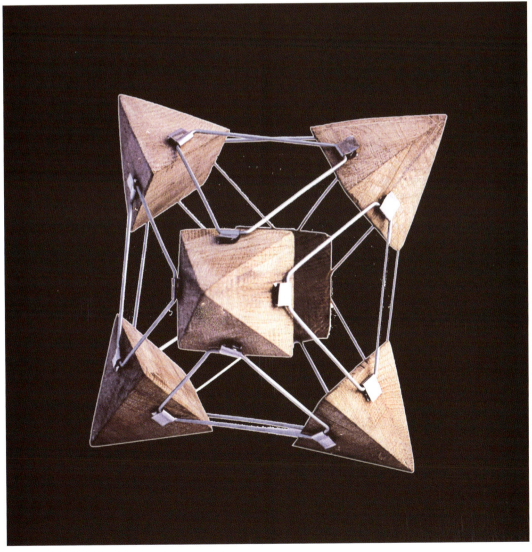

图4-71 正六面体构成训练作业21（指导教师：王琳）

图 4-72　正六面体构成训练作业 22（指导教师：王琳）

图 4-74　正六面体构成训练作业 24（指导教师：王琳）

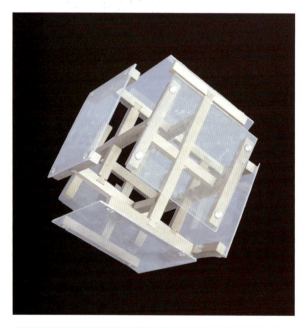

图 4-73　正六面体构成训练作业 23（指导教师：王琳）

图 4-75　正六面体构成训练作业 25（指导教师：王琳）

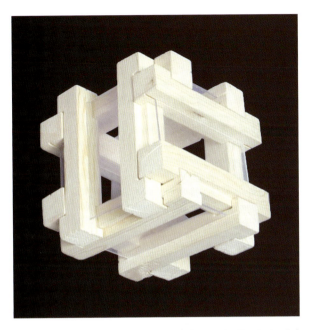

图 4-76　正六面体构成训练作业 26（指导教师：王琳）

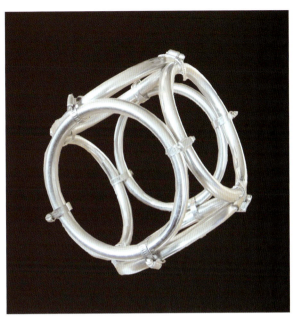

图 4-78　正六面体构成训练作业 28（指导教师：王琳）

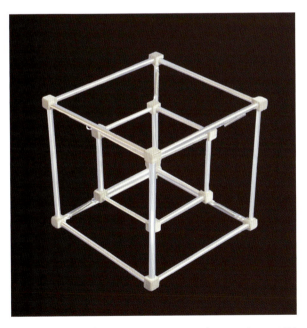

图 4-77　正六面体构成训练作业 27（指导教师：王琳）

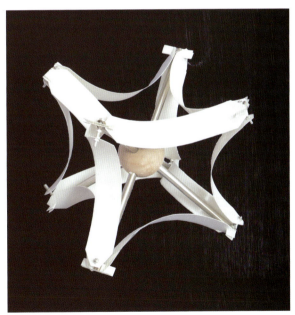

图 4-79　正六面体构成训练作业 29（指导教师：王琳）

3. 正八面体构成训练

（1）目标要求

在逐渐增加形体难度与结构复杂度的同时，对正八面体形态的把控也是训练的关键。除了形体的弯曲、转折等自身的变化，综合使用多种材料和连接方式也可以锻炼学生的想象力和逻辑思维能力。有了适用的材料、结构和优秀的形态，但如果不能选择合理的加工方法和工艺进行适当的加工制作，将是一种让人无法接受的遗憾。因此，在形态设计的过程中，掌握一些材料的基本的构造属性及其相适应的加工手段，是完成设计作品的必要保证。

从材料的加工工艺可以看出，加工方法直接影响材料的使用和结构的构造，进而影响形态的存在形式。这是研究形态设计过程中不可忽略的因素和条件，它不仅影响物化的形式，同时还可以在人们的心中产生不同的感受和回馈。精确加工所赋予的逻辑性纹理会让人感受到细腻和秩序，流畅、光滑的曲线则让人感受到柔美和浪漫，难怪很多人都认为材料加工工艺本身就是一种独特的"美"的体现。

（2）条件限定

对正八面体构成训练的要求如下：

① 分析、归纳和总结所观察的连接形态，并用图表的形式表达。由于连接目的不同或材质不同，其连接方式也就不同。

② 新的连接方式应突出表现连接目的、材质、材型与节点的关系。

③ 新的连接方式要新颖、巧妙、合理，且易于加工。

④ 每种连接方式的空间尺寸范围是 200 mm × 200 mm × 200 mm。

必须满足课题的要求如下：

① 观察准确，连接目的与材质、材型、结构的关系分析透彻，总结合理。

② 新的连接方式有效地运用所总结的规律。

③ 作业的连接目的明确、选材得当、结构牢固。

④ 作业的创意新颖、造型优美、加工精良。

（3）典例示范

立体形态设计可以说是所有利用三维立体形式进行造物活动及研究这些活动过程的专业所必需的专业基础知识。它从空间、物质和人们心理认知的角度，全方位地对我们所了解的立体形态进行深入的研究和解读。通过科学、系统的方法对不同形态进行分类，用哲学的观念来剖析材料、结构、形式以及形态在空间中的色彩等诸多形态的构成要素。同时，研究这些要素如何有机地组织在一起，巧妙地构成完整的各类形态。

图 4-80 ～ 图 4-85 所展示的是学生基于对课程的理解进行的正八面体构成训练作业。通过系统的训练，有利于建立起"立体"的思维模式，培养空间的想象能力，掌握形态表现的"语言"。在思维训练的同时，了解材料、结构及制作手段对形势的影响，找出其中的合理性。强化形态的概念，理解形态的变化规律。形态的本质是内在"力"在外部的运动表现。形态是物质和精神的统一，是把不断运动的精神变化，通过物质形式凝固下来并且得以充分地表现。所谓的抽象形态要素可以理解为形态的内在"力"的运动，而具象形态要素则是现实存在的物质形式。从物质的角度来理解形态的同时，还要了解形态认知的基本特征，以及这些特征在不同的客观和主观环境下（如文化、传统、风格、地域的差异），在人们的认知感受方面产生不同的效果和反馈。掌握这些产生的不同审美原则及形式法则，为后续的设计打下坚实的思想基础。

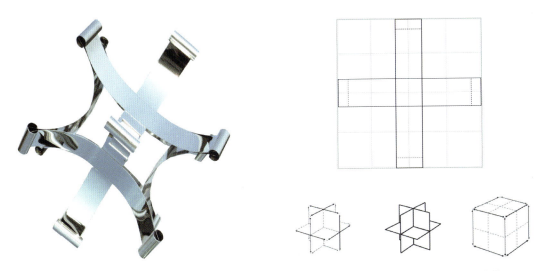

图 4-80 正八面体构成训练作业 1（指导教师：王琳）

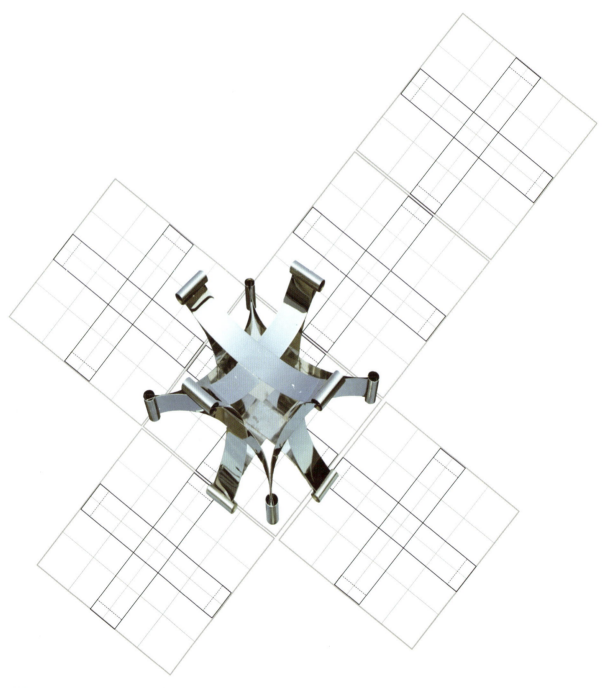

图 4-81　正八面体构成训练作业 2（指导教师：王琳）

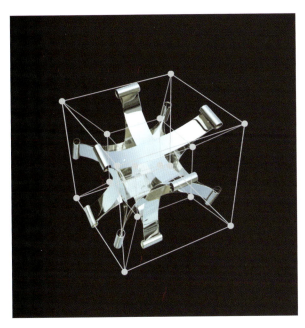

图 4-82 正八面体构成训练作业 3（指导教师：王琳）

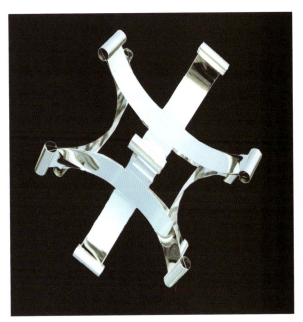

图 4-84 正八面体构成训练作业 5（指导教师：王琳）

图 4-83 正八面体构成训练作业 4（指导教师：王琳）

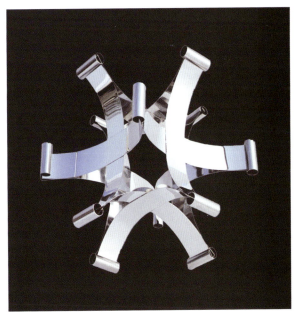

图 4-85 正八面体构成训练作业 6（指导教师：王琳）

（4）关联案例

图 4-86 ～图 4-101 展示的是学生围绕课题进行的正八面体构成训练作业。具象的形态和抽象的形态之间并没有明确的界限，从某种意义上说，它们是一个有机的整体。人们在使用和利用形态的过程中，都是为了体现和传达其内在意义和功用。同样，为了传达自己的想法或实现某种目的，也必须通过现实存在的物质形式来呈现。因此，要创造完美的"内"和"外"统一的形态，就必须不断研究和发展更为有效的途径和方法，即如何运用最合理的材料、最合理的工艺和最合理的结构完成最具有表达语言的形式，这正是设计者不断追求、永无止境的永恒主题。

图 4-87　正八面体构成训练作业 8（指导教师：王琳）

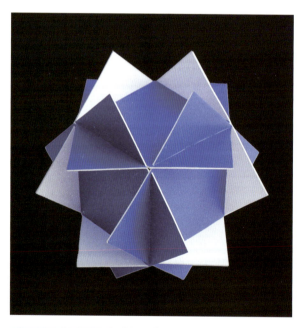

图 4-86　正八面体构成训练作业 7（指导教师：王琳）

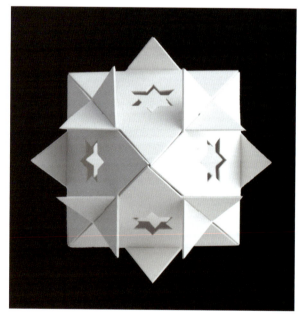

图 4-88　正八面体构成训练作业 9（指导教师：王琳）

图 4-89 正八面体构成训练作业 10（指导教师：王琳）

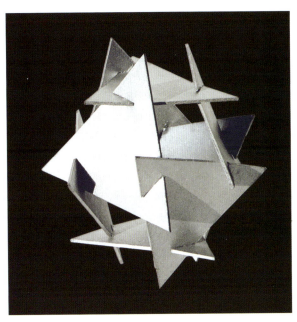

图 4-91 正八面体构成训练作业 12（指导教师：王琳）

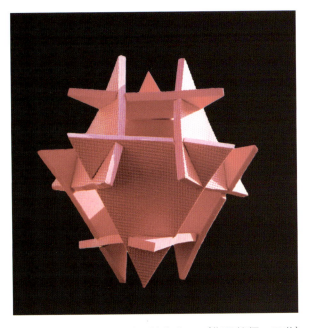

图 4-90 正八面体构成训练作业 11（指导教师：王琳）

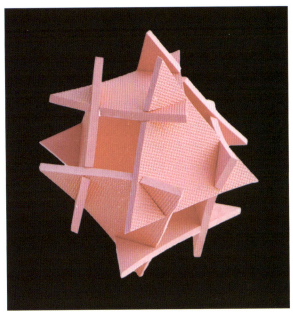

图 4-92 正八面体构成训练作业 13（指导教师：王琳）

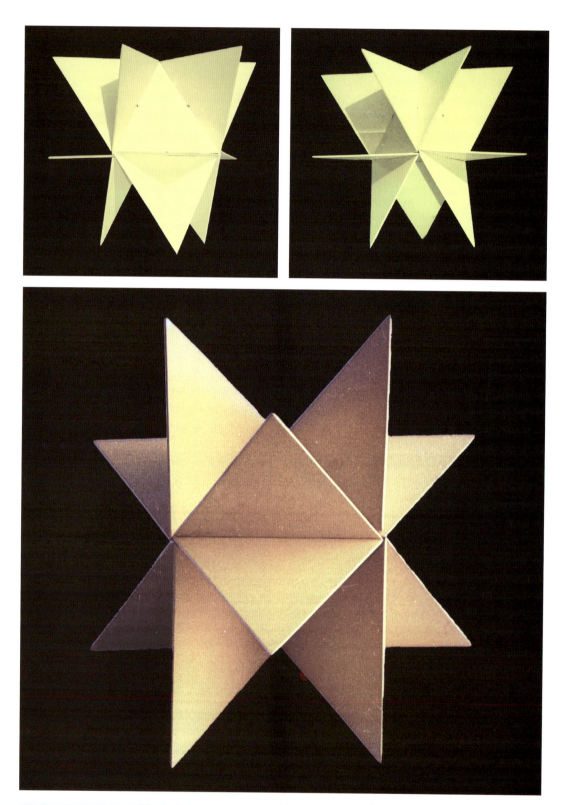

图 4-93　正八面体构成训练作业 14（指导教师：王琳）

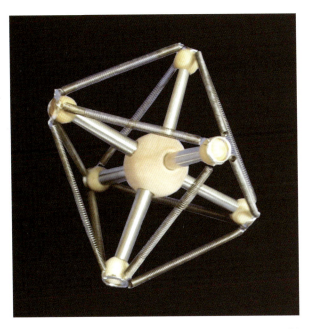

图 4-94 正八面体构成训练作业 15（指导教师：王琳）

图 4-96 正八面体构成训练作业 17（指导教师：王琳）

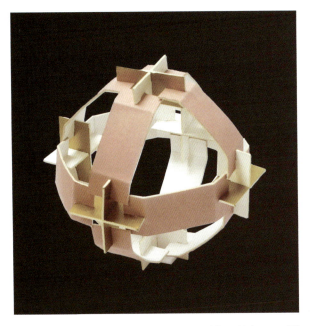

图 4-95 正八面体构成训练作业 16（指导教师：王琳）

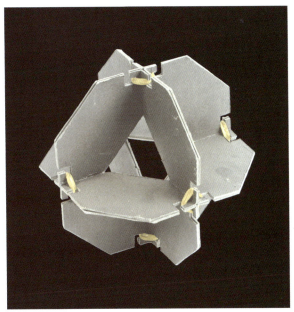

图 4-97 正八面体构成训练作业 18（指导教师：王琳）

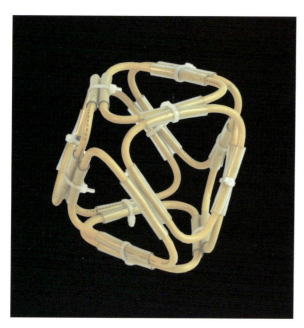

图 4-98　正八面体构成训练作业 19（指导教师：王琳）

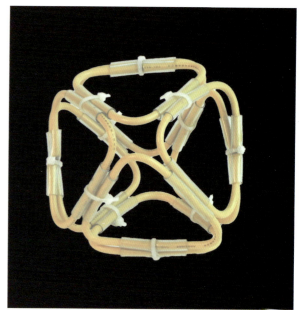

图 4-100　正八面体构成训练作业 21（指导教师：王琳）

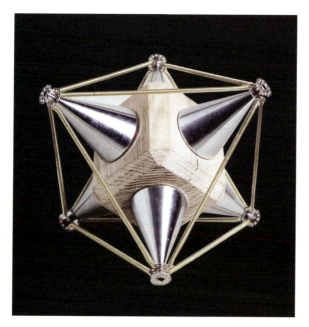

图 4-99　正八面体构成训练作业 20（指导教师：王琳）

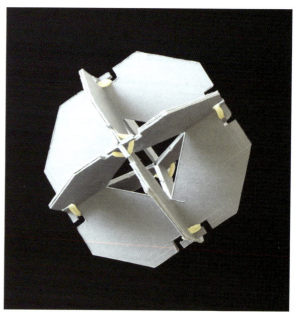

图 4-101　正八面体构成训练作业 22（指导教师：王琳）

4. 其他正多面体构成训练

（1）目标要求

研究正多面体形态的意义在于，不论什么样的形式都在表现物化的内容，而这些内容又依赖于物质所构成的形式。关于设计中的正多面体形态，更多的是研究物质和精神如何通过逻辑、合理且有机构成的形式来融合。正多面体形态研究的态度应该是科学而严谨的，它建立在以自然环境和社会环境相协调、物质与精神相协调、严谨性与创造性相协调的基础上。不能允许不加分析地完全按某种美学的评判观点来理解设计中的形态概念，设计的形态也不是简单、机械地将不同构成要素相加。设计的形态语言和形态的意义将会更加科学而系统地得到发展，并且更广泛地得到实践和应用。

从形态学的角度可以这样理解立体形态，根据运动的形式来定义立体应该是面所移动的轨迹。这种情况的移动是三次元的移动，也就是说移动必须是朝着与面成角度的方向进行。另外，通过面的三次元的旋转也能产生立体形态。但是，这种动的定义只限于我们思想的立体，是理念的、概念的。虽然在现实中存在的大部分物体都可以理解为立体，但它们的结构形式复杂，同时还具有不同的功能和含义，不容易从形态的角度来准确定义。因此，在形态研究过程中，寻找作为纯粹意义上的立体形态——即一切立体形态的基本要素必须是众多形态中共同存在的单位或形态要素。例如：球、正方体、正四面体等。从概念上看，它们是最原始、最单纯的几何形态。在这里，暂时不考虑它们是什么材料、质地、工艺组成的，也不考虑它的价值和功能，而只强调它们在空间中所占有的位置以及占有位置的形式。

正多面体设计的另一个特性是必须有合乎物理特性的组成结构，并且有足够的牢固度和稳定性。因此，形态和它的形式变化必须建立在满足力学规律和结构秩序的基础上，否则就不能被确认为某种形态。符合构成形态的物质所具有的构造特性，而产生的合理的形态结构就成了形态存在最重要的部分。因此，不能只在概念的范畴中来研究形态，而是要选择与之相适应的合理的材料、结构和加工方法。只有这样，才能把构成形态的众多形态要素有机地组织起来，使之具有相对完善的存在形式。

（2）条件限定

对正多面体构成训练的要求如下：

① 分析、归纳和总结所观察的连接形态，并用图表的形式表达。由于连接目的不同或材质不同，故其连接方式也不同。

② 新的连接方式应突出表现连接目的、材质、材型与节点的关系。

③ 新的连接方式要新颖、巧妙、合理，且易于加工。

④ 每种连接方式的空间尺寸范围是 200 mm × 200 mm × 200 mm。

必须满足课题的要求如下：

① 观察准确，连接目的与材质、材型、结构的关系分析透彻，总结合理。

② 新的连接方式有效地运用所总结的规律。

③ 作业的连接目的明确、选材得当、结构牢固。

④ 作业的创意新颖、造型优美且加工精良。

（3）典例示范

在形态设计过程中，要研究不同的空间立体形态内在的构成要素和它们不同的排列方式，以及由这些要素组合而成的不同形态与它们的结构特征；在研究循环或排列组合的过程中，形态各要素之间的必然联系、变化和相关的内容；研究立体形态在空间的位置以及对空间的影响；研究立体形态的视觉观感和给人的内在感受；研究如何掌握形态语言，并取得对形态内涵的分析、认识理解和组织等能力，使之成为设计活动中特有的表现形式和设计语言。

图 4-102～图 4-105 所展示的案例是学生
基于对课程的理解进行的正多面体构成训练作
业。立体形态可以理解为占有空间位置的物质实
体，但它并不是独立存在的实体。空间与立体形
态有着同等重要的地位，它们是相互依存、相互
映衬的关系。强调"虚实相生"的空间意识，有
助于我们对形体和空间的理解。实体依存于空间
之中，而空间若离开了实体，也就不可能被感知
到。那么相对于实在的立体形态的东西就是"空
间形态"。空间的概念本身可以说是无限的，可
以理解为无形的东西。使空间成为所谓形态的是
存在的空间和物体所构成的"场所"，也就是说，
"空间形态"作为一种消极的形态是不能单独或
独立表现的，必须依存于其他积极的立体形态
（实在的物体）。

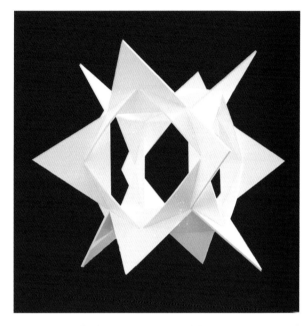

图 4-103　正多面体构成训练作业 2（指导教师：王琳）

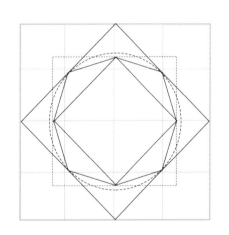

图 4-102　正多面体构成训练作业 1（指导教师：王琳）

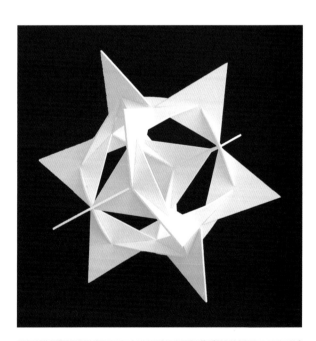

图 4-104　正多面体构成训练作业 3（指导教师：王琳）

图 4-105　正多面体构成训练作业 4（指导教师：王琳）

（4）关联案例

图4-106～图4-120展示了学生围绕课题
进行的正多面体构成训练作业。这种立体形态设
计训练不仅包含学习早期的形态构成意义上的形
式法则，更重要的是通过空间和形态认识过程，
以及对空间与形态、形态与形态之间有机而必然
联系的了解，建立一种空间立体的思维模式和形
体空间概念，形成一种三次元空间的想象能力，
培养自觉的形体和空间意识是立体形态创造的前
提。而建立这样的思维模式的前提条件是逻辑
性，只有合乎逻辑地推导，才能产生合理的形式
和结构。

图4-107　正多面体构成训练作业6（指导教师：王琳）

图4-106　正多面体构成训练作业5（指导教师：王琳）

图4-108　正多面体构成训练作业7（指导教师：王琳）

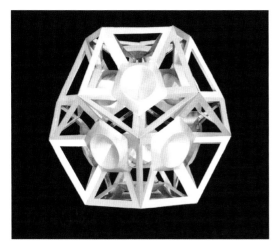

图 4-109 正多面体构成训练作业 8（指导教师：王琳）

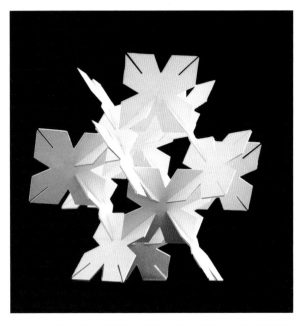

图 4-110　正多面体构成训练作业 9（指导教师：王琳）

图 4-112　正多面体构成训练作业 11（指导教师：王琳）

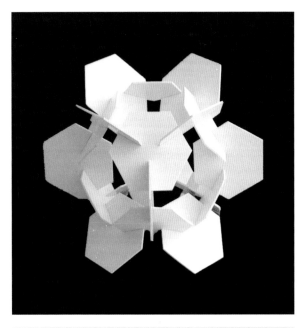

图 4-111　正多面体构成训练作业 10（指导教师：王琳）

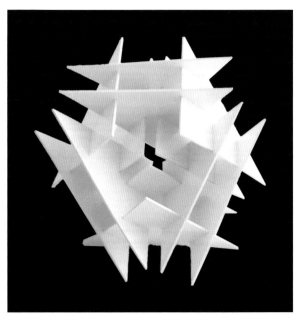

图 4-113　正多面体构成训练作业 12（指导教师：王琳）

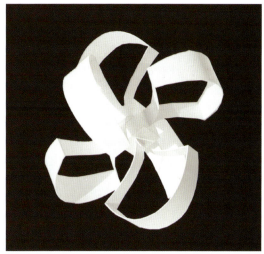
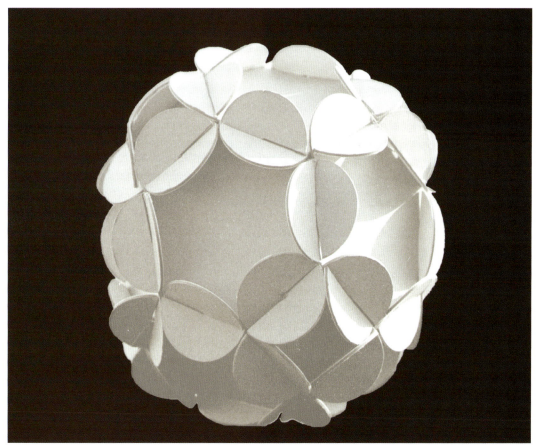

图 4-114 正多面体构成训练作业 13（指导教师：王琳）

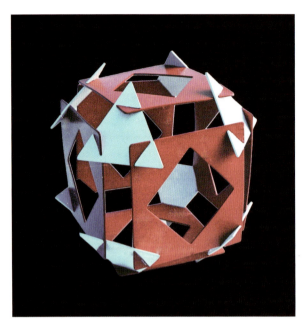

图 4-115　正多面体构成训练作业 14（指导教师：王琳）

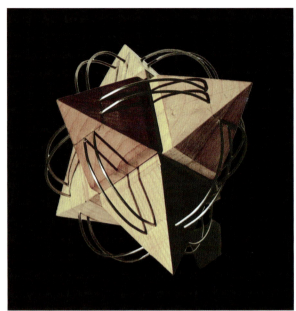

图 4-117　正多面体构成训练作业 16（指导教师：王琳）

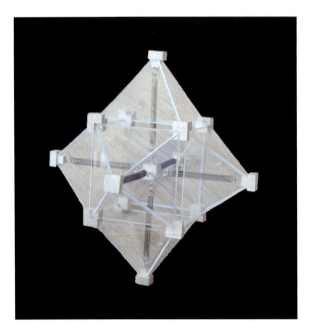

图 4-116　正多面体构成训练作业 15（指导教师：王琳）

图 4-118　正多面体构成训练作业 17（指导教师：王琳）

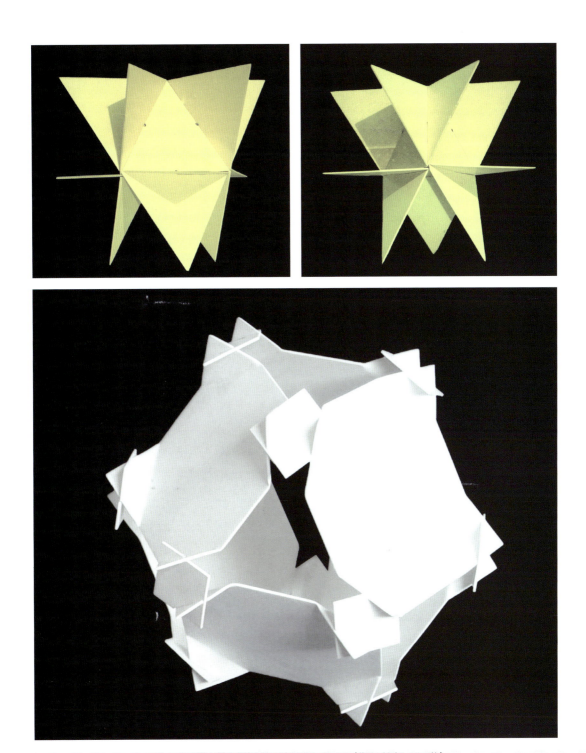

图 4-119 正多面体构成训练作业 18（指导教师：王琳）

图 4-120　正多面体构成训练作业 19（指导教师：王琳）

第3节 型的综合创造研究

1. 纸板坐具

（1）目标要求

首先研究该纸板的横向、纵向受压或拉的性能；然后研究厚度约为 4 mm 的双层瓦楞纸间夹有三层牛皮纸在折叠时产生的褶皱、应力不均等现象（注：不宜多折，折前要处理折缝内缘的空间）；剪裁端口应作消除剪切应力的圆孔处理；纸板坐面在垂直受人体压力时会产生不规则变形，因此要事先在纸板面上作因势利导的压痕处理，以控制受压变形的形状；尽量不裁出废料，要充分利用翻折的纸板来增强支撑力或拉力，分散纸板坐面所受的垂直压力；坐具的造型要随机应变、巧妙且别出心裁以适应不同的坐姿。

（2）条件限定

包装箱纸板（双层瓦楞纸板）经裁折、缝合等制作工序制成一个可坐的模型。具体的限制条件如下：

①可以让人坐、靠、倚、躺等休息或依托。

②使用后不易被破损。

③节约用材，材料的受力、材料的结构和材料的工艺要合理。

④要易折平、易携带、省空间。

充分利用瓦楞纸能纵向受压的特点，同时考虑纸张受拉的特点。整体结构应结实可靠，制作工艺简洁、造型合理、完整；设置的预裂纹也体现了合理的结构细节处理；用纸几乎不产生废料。

（3）典例示范

上述课题思考程序的训练，也是"综合造型设计基础"课程所有课题思考的程序。这正是我们强调的"综合造型设计基础"的实质——在典型、生动、活泼、有挑战、有收获的实践中，训练和掌握科学的思维方法、找到解决问题的渠道、探讨研究问题的方法、不断拓宽知识面以及提高解决问题的能力。

图 4-121 所展示的是学生基于对课程的理解进行的纸板坐具设计训练作业。在课程中训练学生的设计思维能力、设计逻辑能力、设计语言归纳能力、模型制作能力以及电脑软件运用能力等多种基础设计能力，使学生深刻认识到基础理论知识的重要价值和意义。

根据已经厘清的思路，接下来学生们开始绘制大量的先期草图。在这个阶段，教师要求学生把所有的草图纸稿摆放在一起，共同观察、比较、讨论，并基于已经设定好的设计条件和要求，为每个同学选出更合适的设计方案。

（4）关联案例

图 4-122～图 4-125 展示的是学生围绕课题进行的纸板坐具设计训练作业。从中可以总结出"手脑结合"训练模式所具有的优势：①激发兴趣，导入灵感；②动手操作，加强认识；③理解探究，深化观念。这里讲述的"手脑结合"训练方法与"学中做""做中学"的教学理念在设计方法和思维模式上可以相互借鉴、互为补充。"学中做"是要求学生带着重点问题去完成设计制造的各环节，而不是单纯地为做而做；"做中学"是一个"知其然"到"知其所以然"的过程。通过实际制作，了解为什么木材的节点用榫卯结构，以及为什么加工处理材料要考虑材料肌理的走向。在这个过程中，学生可以掌握思维方法、学会独立思考、构建设计系统，并将其灵活应用于实践。

图4-121　纸板坐具设计训练作业1（指导教师：蒋红斌、朱碧云）

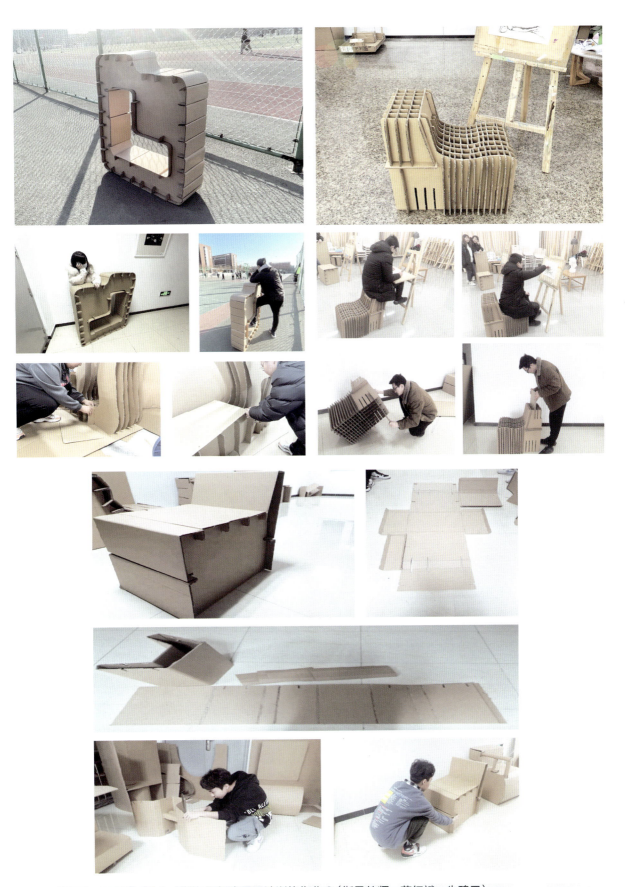

图 4-122　纸板坐具设计训练作业 2（指导教师：蒋红斌、朱碧云）

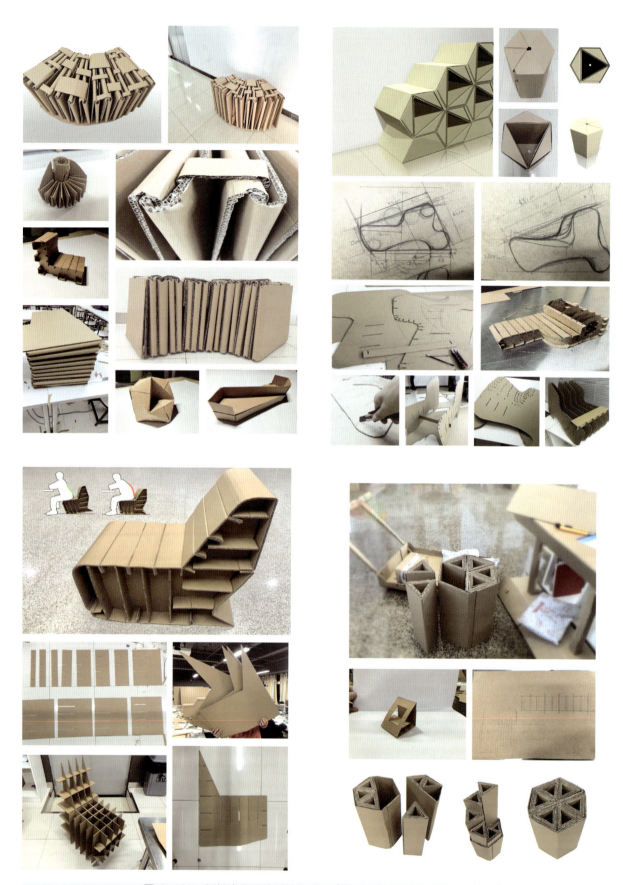

图4-123　纸板坐具设计训练作业3（指导教师：蒋红斌、朱碧云）

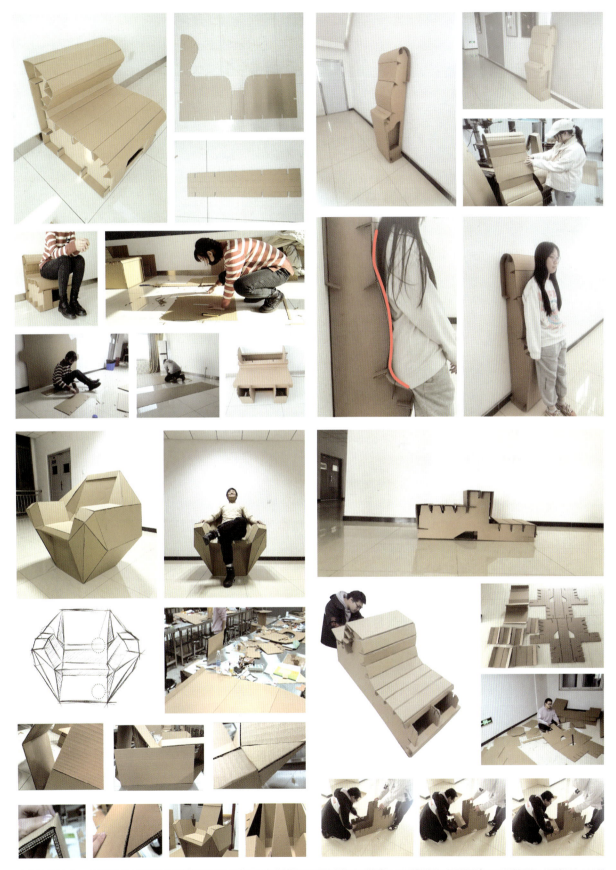

图 4-124 纸板坐具设计训练作业 4（指导教师：蒋红斌、朱碧云）

图 4-125　纸板坐具设计训练作业 5（指导教师：蒋红斌、朱碧云）

2．纸板桥梁

（1）目标要求

以研究材料的力学性质和结构力学为前提，通过设计的"结构"来发挥材料的力学性质，因势利导地"造型"，使材性、材型、构性、构型、工艺性、工艺型和型性、型形达到完美统一，还使设计的结构能支承人们意想不到的重量。

该练习可以通过"再观察"和研究自然界生物中的"支承结构"获得启示，也可以学习、参考、分析古今中、外人造物的"支承结构"，例如：草秆、竹茎、龟壳、恐龙的弓形脊柱等，以及柱梁、拱券、飞扶壁、穹隆、桁架、悬索等。通过这些学习，认识"结构的构性"和"结构的型性"的统一性，理解材料力学与结构力学的整合是设计的关注要点，掌握学习、研究自然和生活的方法，养成时时、处处观察、分析、思考的好习惯。

（2）条件限定

① 用复印纸、细铅丝或一次性筷子成型后以支撑一定的重量。

② 在材料的使用上尽可能精简，研究材料的受力特征和被破坏的原因，掌握材性、型性和构性的关系，进而运用一定的结构形态，使组合成型的结构支承相应的重量。

③ 注意材料结构的受力点、受力大小与受力方向的处理。

④ 掌握材料的材性、型性和构性的受力规律。

用尽量少的复印纸经过折、卷以及黏接等方式成型（高度为 300 mm），以支撑两块砖而不垮塌。注意纸只有成形后才具有受压的可能；确保砖的重心与纸结构的中心轴一致；纸的边缘和纸本身不能有褶皱，以免材料的应力不均匀；纸的边缘是力的受力点，除增加受力接触点外，还要适当作处理，以加强边缘受力能力。

（3）典例示范

设计并制作一个有一定跨度的"桥"，根据选用的材料，确保能承受不同的重量。

① 用尽可能少的报纸处理成型，设计跨度为 50 cm 的结构，确保能承受两块砖的重量。

② 用尽可能少的一次性筷子和细棉线制作一个跨度为 60 cm 结构，确保能承受两块砖的重量。

③ 用尽可能少的包装纸板（或薄白铁皮）成型，制作一个跨度为 80 cm 的结构，确保能承受制作者的重量。

图 4-126～图 4-128 所展示的是学生基于对课程的理解进行的用纸壳制作的纸板桥梁设计训练作业。这些设计充分利用了纸板或瓦楞纸板的材料特性，以一定的结构形态展现了其"构型"的"型性"，从而使纸能承受意想不到的重力。

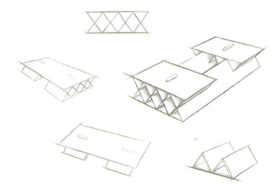

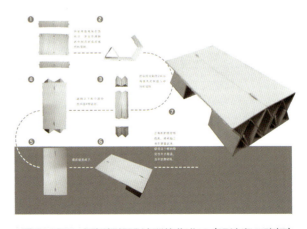

图 4-126　纸板桥梁设计训练作业 1（设计者：陈妍）

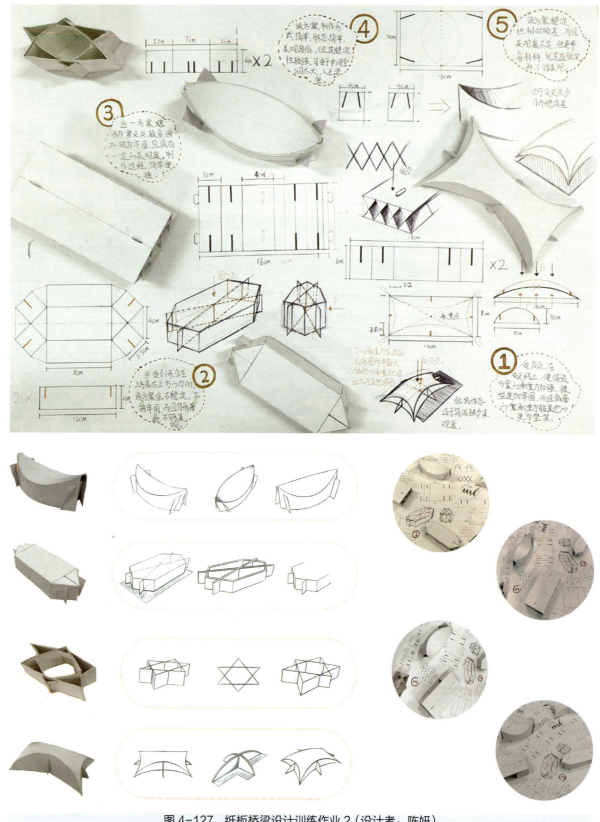

图4-127　纸板桥梁设计训练作业2（设计者：陈妍）

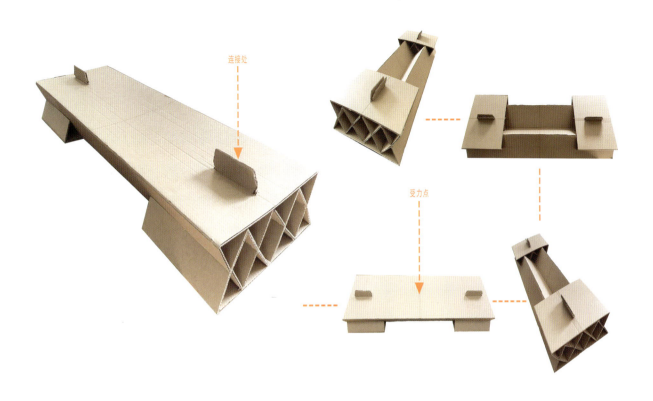

连接处

受力点

图 4-128　纸板桥梁设计训练作业 3（设计者：陈妍）

（4）关联案例

图 4-129 ～图 4-144 展示的是学生围绕课题进行的纸板桥梁设计训练作业。在造型实践中，理解和运用材性、材型、型性、型形、构性、构型等材料力学与结构力学等知识，这是工业设计人员学习造型基础的捷径。研究线型材、板型材的受力特征，并分析材料受压、受拉、受剪的结构形态规律；学习并理解拱券、桁架、悬索等结构原理和规律，以及结构节点的细节处理要点；认识材料成型的原理、工艺特征，以及结构与造型统一的设计规律；学会用综合的思维方法，因材致用、因势利导地运用造型创意，这种合理、化繁为简、经济审美的协调是设计艺术的灵魂。

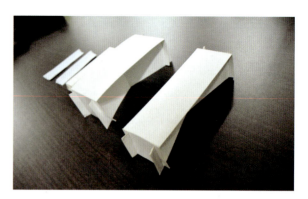

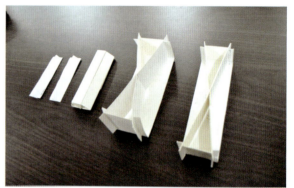

图 4-130　纸板桥梁设计训练作业 5（设计者：张佳雨）

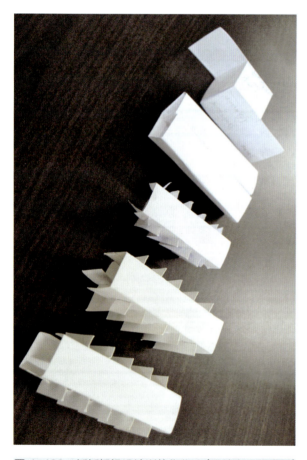

图 4-129　纸板桥梁设计训练作业 4（设计者：于晓凡）

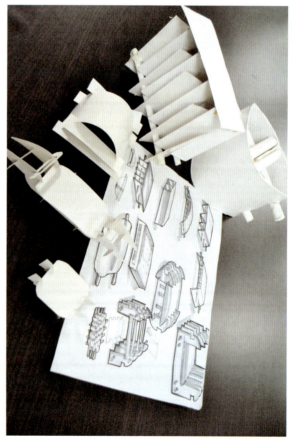

图 4-131　纸板桥梁设计训练作业 6（设计者：刘玉昊）

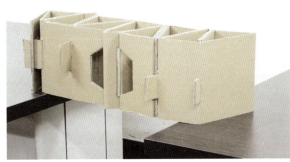

图 4-132　纸板桥梁设计训练作业 7（设计者：王迎春）　　图 4-134　纸板桥梁设计训练作业 9（设计者：顾芸）

图 4-133　纸板桥梁设计训练作业 8（设计者：韩易桐）　　图 4-135　纸板桥梁设计训练作业 10（设计者：贾舒婷）

图 4-136　纸板桥梁设计训练作业 11（设计者：李彬）

图 4-138　纸板桥梁设计训练作业 13（设计者：李婷玉）

图 4-137　纸板桥梁设计训练作业 12（设计者：李靖）

图 4-139　纸板桥梁设计训练作业 14（设计者：李云鹏）

图 4-140　纸板桥梁设计训练作业 15（设计者：李征）

图 4-141　纸板桥梁设计训练作业 16（设计者：马雪）　图 4-142　纸板桥梁设计训练作业 17（设计者：杨奥茹）

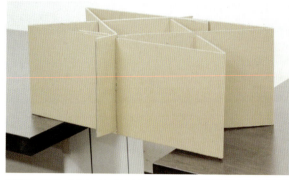

图 4-143　纸板桥梁设计训练作业 18（设计者：叶青）

图 4-144　纸板桥梁设计训练作业 19（设计者：张凯帆）

3. 乒乓球包装

（1）目标要求

通过纸板包装等相关设计训练，总结并形成了一系列学生必须要在课题开始前明确的问题：

① 我们想要的是什么？

② 我们对此有何了解？

③ 我们可以使用哪些材料？

④ 怎么开始这种具有创造性的研发过程？

⑤ 怎么把我们的想法制作成产品？

⑥ 怎么论证我们的想法？

⑦ 怎么证明我们想法的正确？

⑧ 如何培养和验证我们的动手能力。

（2）条件限定

对于乒乓球纸板包装设计训练课题，作以下具体要求：

① 包装由一张 A3 纸完成。

② 包装内的乒乓球为 6 个。

③ 通过局部开口使人直观了解包装内的产品。

④ 包装需要结构简洁，具有一致性的美感。

⑤ 包装应能连接 6 个乒乓球并保护球体。

⑥ 包装需要便于携带、制作简单。

（3）典例示范

用复印纸或其他较薄的廉价纸板将一组 6 个乒乓球包装起来。首先，要求尽量节约用纸，不产生废料或尽量减少剪裁出的废料。其次，包装的结构与造型要简洁，同时尽量少占用大包装盒的空间。再次，乒乓球的放入和取出要简单易行，且乒乓球不易从包装中滑出。从次，包装结构要能显露乒乓球，不需要再在包装上注明被包的是乒乓球，以节约印刷成本。最后，包装造型要方便在超市货架上陈列，设计的造型和概念还要有视觉冲击力。

图 4-145 展示的是学生基于对课程的理解进行的乒乓球包装设计训练作业。运用了折、

叠、裁、局部剪切等有利于机械化生产的工艺；结构构思巧妙，乒乓球与纸板成为一体，并产生了意想不到的效果；剪切裂缝两端处要妥善处理，防止乒乓球放入时破坏纸板结构。本课题的设置较全面地训练了学生们思考问题的方式和对工业文化的理解，包括做事的程序、机制，以及创新的基础和前提，即培养认识目的、研究限制、建立知识结构、扩展知识、协调矛盾、整合资源的能力。所谓"基础"，主要是指能调动学生潜在的能力，这就是"授人以渔"的道理。

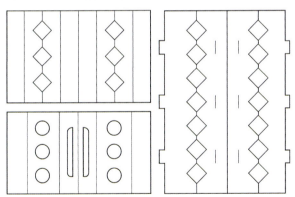

图 4-145　乒乓球包装设计训练作业 1
（设计者：张凯帆）

（4）关联案例

图 4-146 ～图 4-151 展示的是学生围绕课题进行的乒乓球包装设计训练作业。材料处理、工艺结构、细节把握乃至操作技巧都是造型基础训练的核心内容。而绘画、三大构成和图案仅是造型基础内容中一个方面，更适于作为美术学生基础的内容。

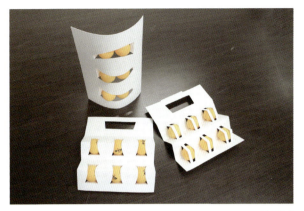

图 4-146　乒乓球包装设计训练作业 2
（设计者：李云鹏、李征）

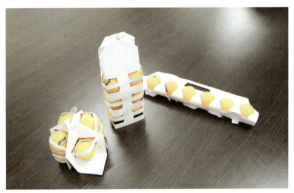

图 4-147　乒乓球包装设计训练作业 3
（设计者：刘玉昊、李婷玉）

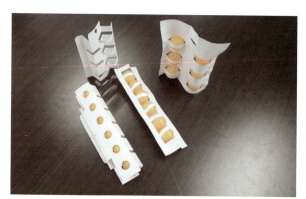

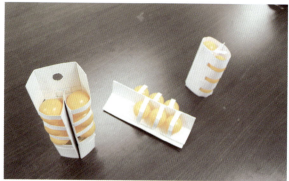

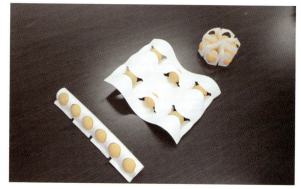

图 4-148　乒乓球包装设计训练作业 4
（设计者：石博文、顾芸）

图 4-150　乒乓球包装设计训练作业 6
（设计者：于晓凡、叶青）

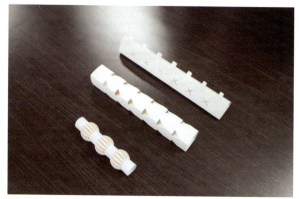

图 4-149　乒乓球包装设计训练作业 5
（设计者：易成成、张佳雨）

图 4-151　乒乓球包装设计训练作业 7
（设计者：张雅涵、毛玉苓）

4. 产品包装

（1）目标要求

从产品包装设计训练中可以总结出"手脑结合"训练模式所具有的优势：① 激发兴趣，导入灵感；② 动手操作，加强认识；③ 理解探究，深化观念。产品设计具有明显的交叉性和实践性特征，能让学生运用已学到的理论知识，结合专业课题，有目的、有针对性地进行设计实践和设计创新。在设计过程中，学生需要从工艺流程、材料特性、实现手段、实验过程等方面，进行分析比照、评估论证，并制定和完成设计训练课题。

（2）条件限定

对纸质产品包装的具体限定条件与制作要求如下：

① 请将你常用的香皂、润肤露、爽肤水带到工作室，为其设计包装。

② 使产品能作为一个漂亮的礼物，适合于超市销售。

③ 告知消费者包装内是何种产品，体现产品的价值。

④ 确保产品在橱窗里能够引人注目。

⑤ 不需要画效果图，但请使用纸板、瓦楞纸，或者是塑料薄板等材料，以及壁纸刀、剪刀等工具。

产品包装除了具有使用价值与交换价值之外，还被人为地赋予了符号价值。符号价值体现了社会化的"我"，它在诉说着我们是谁、我们如何生存，以及我们之间的不同；表达了物的拥有者的社会地位，他属的阶级，或者他独特另类的生活方式；用马克思的话说，是人的本质力量对象化。社会差异被"物化"，或说"物化"了的社会关系。如果想了解一个人是如何生活的，最好的办法就是去观察围绕在他/她周围的

物。"造型"是社会性和文化性的产物，它通过符号象征进入了主体的意义世界和情感世界。如今，设计领域出现了所谓的"Emotion Design"，也开始研究不确定的、模糊的、复杂的人类情感。

（3）典例示范

"物"不仅仅是简单的生活用品，它其实是当时社会关系、生存方式的一个"镜像"。物在诉说着我们是谁、我们如何生存，以及我们之间的不同。物——"造型"活动的载体，成为人类精神文化的投射，是人类主体的客体化。

产品包装的造型复杂性还体现在另一个维度上。大家都在使用着手机，可从造型到界面再到铃声又是多么的不同啊！这些物已经不仅仅是"功能性"产品，它还是社会性、时代性、文化性的产物，通过符号象征进入了主体的意义世界与情感世界。人与人之间的差异被转译为物的差异；个人（群体）的丰富性被转译为造型的丰富性；人群的分类体系投射于物质的分类体系。人们在追求着新奇、不同或自我的外化，物的造型正是这些需求最好的载体。

图4-152所展示的案例是学生基于对课程的理解进行的产品包装设计训练作业。这些训练让学生理解世界是硕大无垠的，万物是五彩斑斓的，将设计视为"分子""基因"，并作为创作的基本因素，排列组合成无穷无尽的系统，以适应这既具统一性又呈多样化的大千世界。"综合造型设计基础"正是基于这个真理，将材料、工艺、结构、形态等因素作为构成丰富多彩的世界，满足各种各样需求的"基因"组合，而"综合"既是造型设计的基本素质（能力），也是造型基础的"本源"。"综合"是以适应生存为目的、因势利导地将"基因"进行各种排列组合，以统一在一个整体系统内。

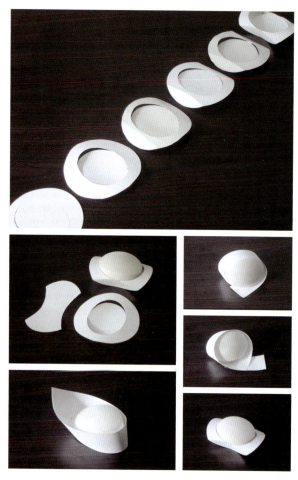

图 4-153　产品包装设计训练作业 2
（指导教师：雷曼教授）

图 4-152　产品包装设计训练作业 1
（指导教师：雷曼教授）

（4）关联案例

图 4-153 ～图 4-161 展示的是学生围绕课题进行的产品包装设计训练作业。"对型的综合创造"是初学设计者必须恪守的原则。"造型"作为一种语言，传达了"无言的服务、无声的命令"，它既是个性的显示，又融于统一的整体，使"人为自然"的设计既丰富多彩又简洁和谐。除了研究产品包装的造型语言和语义统一之外，还需要考虑包装的稳定、操作时的人机关系和功能目的以及使用后方便收纳与节省空间等问题。此外，要充分利用材料的性能、加工工艺，并根据造型的需要进行因材致用、因势利导。例如：不同材质的线型材、板型材，或利用已有的型材、零件的不同加工特点（如车、钳、刨、铣、磨、折、铸等）、组合工艺特征以及造型的逻辑性、合理性。

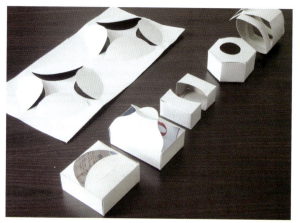

图 4-154　产品包装设计训练作业 3
（指导教师：雷曼教授）

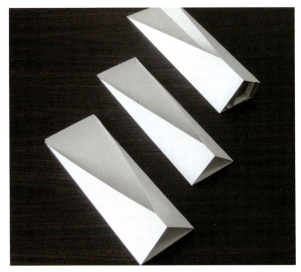

图 4-155 产品包装设计训练作业 4
（指导教师：雷曼教授）

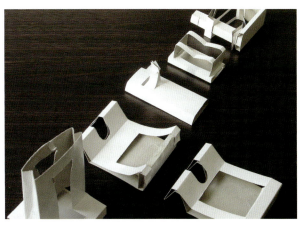

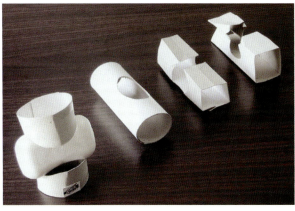

图 4-157 产品包装设计训练作业 6
（指导教师：雷曼教授）

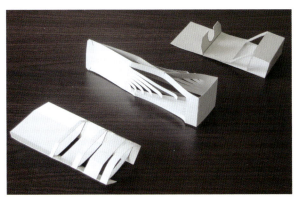

图 4-156 产品包装设计训练作业 5
（指导教师：雷曼教授）

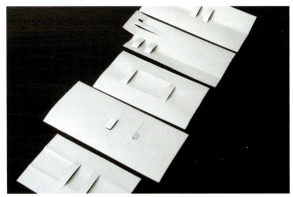

图 4-158 产品包装设计训练作业 7
（指导教师：雷曼教授）

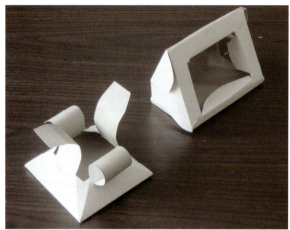

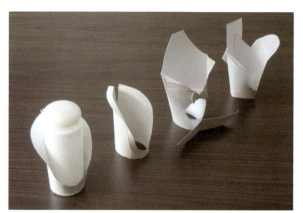

图 4-159　产品包装设计训练作业 8
（指导教师：雷曼教授）

图 4-160　产品包装设计训练作业 9
（指导教师：雷曼教授）

图 4-161　产品包装设计训练作业 10（指导教师：雷曼教授）

结语

　　2009 年 7 月由高等教育出版社出版的《综合造型设计基础》一书，承蒙读者厚爱，应读者要求决定再版。为适应设计教育的发展，作为主编之一的我，再次撰写了下面的文字，愿与同仁们与学子们共勉。

　　设计是协调人类理想与现实矛盾的桥梁，艺术与设计都绝对不是追求表面的美，工业设计的本质是整合、集成，不是最后一道工序，而是全过程的干预。似乎我们到现在还不甚明白"设计"存在的最根本的"基础"。

　　"设计"是一种体现发展价值观的艺术。

　　注重需求目标系统而不是单一功能；

　　注重事而不是物；

　　注重物的外部因素而不是内部因素；

　　注重结构关系而不是元素；

　　注重整体而不是局部；

　　注重过程而不是状态；

　　注重理解而不是解释；

　　注重祈使而不是叙述；

　　注重设计师与社会的"主体间性"。

　　设计是一种文化现象，这一文化性主题围绕着当代人的精神、价值等内在维度，它内敛、沉淀地反映着时代的精神状态，体现着大变革时期人的价值理想的确立与维护。

　　"设计"就是"人类的文明发展史"的见证！这是一段揭示人类在不断调整经济、技术、商业、财富、分配与伦理、道德、价值观的关系，以探索人类社会可持续生存的演进过程的历史，可作为我们探索"中国方案——人类命运共同体"的"背书"。

　　"设计"反映了人类在不同时间、不同空间，将地域、地理、气候的差异，以及天灾人祸、战争瘟疫，迁徙交流、科学发现、技术发明、文化艺术、民风民俗等现象置于同一维度上的人类的选择！

　　这证明了"设计"能引导我们系统地看待某一事物或现象的"语境"——"时代、环境、条件"等外因，从而能系统地、比较地发现事物发展的规律和趋势，而不至于只是孤立地从表面"现象"认识这个"复杂的世界"。

这不仅对"学科领域"的拓展具有重要价值，对"科研"的创新具有深远的意义，对"认知思维逻辑"的培养具有积极的影响，更能使我们在如今知识经济时代能清醒定义"基础"的概念！

这对我们培养全面发展、面向未来挑战"人才"的教育十分重要。作为创新的系统工程的"设计"，其"基础"的建构，将对建设"中国方案——人类命运共同体"具有极其深远的意义，也是身为交叉、综合的"设计学"的"基础"建构是既可为、也能为的大事。

为此我借第二版前言之机，斗胆地建议我们设计界的后生们着手这项世纪工程，可以以各院校的文科为主导，以理科、工科、艺术等领域的教学实践和研究成果为基础，整合国内外有关学科的优势资源，并鼓励后生学子们不断补充、丰富和完善，从而继往开来地构建中国设计学科的"基石"，则其功大莫焉！

我认为：这是"设计学"的历史责任！

柳冠中

2024 年 3 月 2 日

参考文献

[1] 惠特福德 . 包豪斯 [M]. 林鹤，译 . 北京：生活·读书·新知三联书店 .2001.

[2] 约翰·伊顿 . 造型与形式构成：包豪斯的基础课程及其发展 [M]. 曾雪梅，周至禹，译 . 天津：天津人民美术出版社 .1990.

[3] 赫伯特·林丁格、包豪斯的继承与批判——乌尔姆造型学院 [M]. 胡佑宗，游晓贞，译 . 台北：台北亚太图书出版社 .2002.

[4] 阿德里安·海斯，狄特·海斯，阿格·伦德·詹森 . 西方工业设计 300 年 [M]. 李宏，李为，译 . 长春：吉林美术出版社 .2003.

[5] 瓦尔特·格罗皮乌斯 . 新建筑与包豪斯 [M]. 王蕾，译 . 重庆：重庆大学出版社 .2023.

[6] 汤姆沃尔伏 . 从包豪斯到现在 [M]. 关肇邺，译 . 北京：清华大学出版社 .1984.

[7] 鲁道夫·阿恩海姆 . 艺术与视知觉 [M]. 腾守尧，译 . 成都：四川人民出版社 .2019.

[8] 金伯力·伊拉姆，设计几何学：关于比例与构成的研究 [M]，李乐山，译 . 北京：中国水利水电出版社 .2003.

[9] 康定斯基，康定斯基论点线面 [M]. 罗世平，魏大海，辛丽，译 . 北京：中国人民大学出版社 .2003.

[10] 柳冠中 . 工业设计学概论 [M]. 哈尔滨：黑龙江科学技术出版社 .1997.

[11] 柳冠中 . 苹果集：设计文化论 [M]. 南京：江苏凤凰美术出版社 .2022.

[12] 何人可 . 工业设计史 [M].5 版 . 北京：高等教育出版社 .2019.

[13] 王受之 . 世界现代设计史 [M].2 版 . 北京：中国青年出版社 .2015.

[14] 李伯杰 . 德国文化史 [M]. 北京：对外经济贸易大学出版社 .2005.

[15] 朱立元 . 西方美学：名著提要 [M]. 南昌：江西人民出版社 .2003.

[16] 宗明明 . 乌尔姆设计教育体系研究 [J]. 黑龙江高教研究，2004（5）：2.

[17] 霍波洋 . 双重基础：具象写实基础 [2020 年修订版][M]. 长春：吉林美术出版社 .2020.

[18] 王琳 . 奇妙构图 [M]. 沈阳：辽宁美术出版社 .1999.